M

Digital

Modeling Art

数字建模

艺术

陈建强

著

科学出版社

北京

内 容 简 介

本书主要从数字建模概念出发，阐述建模的基本原理，避免以讲授具体指令为重点，着重分析建模对象的结构构成，从而确定建模方法与步骤。本书以方法论为核心，不受软件版本限制；以多边形建模为主要方法，兼顾其他方式；内容上涵盖硬表面、交通工具与生物建模，充分考虑到不同类型介质建模的区别。

本书实用性强，通俗易懂，能让初学者从易到难学会多种建模技术，也给专业人员提供了分析问题的方法和技巧，适合各个层次的三维建模设计爱好者使用。

图书在版编目(CIP)数据

数字建模艺术／陈建强著.—北京：科学出版社，2018.5
ISBN 978-7-03-056148-0

Ⅰ.①数⋯ Ⅱ.①陈⋯ Ⅲ.①系统建模 Ⅳ.①N945.12

中国版本图书馆 CIP 数据核字（2017）第317789号

责任编辑：华长印 / 责任校对：李 影
责任印制：张克忠 / 封面设计：铭轩堂
编辑部电话：010-64019653
E-mail:huachangyin@mail.sciencep.com

科学出版社 出版
北京东黄城根北街16号
邮政编码：100717
http://www.sciencep.com
天津市新科印刷有限公司印刷
科学出版社发行 各地新华书店经销

*

2018年5月第 一 版 开本：720×1000 1/16
2018年5月第一次印刷 印张：18
字数：350 000
定价：98.00元
（如有印装质量问题，我社负责调换）

前　言

　　建模是三维动画技术中非常重要的一个环节，也是大多数学习三维动画技术的人最先进入的一扇大门。数字建模艺术也是一种造型艺术，初学者所面临的问题有两个：一个是创作方式的转变，从传统的用笔在纸上绘画转变为在电脑屏幕上用键盘或鼠标绘画；另一个就是空间的转变，从二维空间转变为三维空间来塑造和观察创作对象。本书是一部三维动画学习的入门读物，虽然主要以三维软件 Maya 为平台来进行展示和说明，但所讲述的原理与方法也适合大多数三维软件。

　　本书除介绍一些软件操作的界面和一些三维建模的基本概念外，还对建模的类型及建模对象的分析进行总结，并通过一些具有典型性的例子来学习基本建模分析方法和技术手段。

　　本书是笔者参照国内外许多优秀的教学资料，并总结自身多年实际教学操作经验进行撰写的，内容丰富，方法科学。全书分为 8 章。前两章阐述三维动画制作平台的原理、三维动画的工业流程以及软件平台的界面使用方式。第3 章介绍建模前的一些准备工作，而这正是许多初学者常常忽略的部分，要想成为一名优秀的专业建模师，这种准备工作是非常重要的。第 4 章主要是讲解具体例子，使初学者熟悉数字建模的方式与基本指令的使用。第 5 章主要介绍一些硬表面模型的制作方式，这种方法适合所有非有机体的建模。很多初学者面对要建模的对象不知从何处开始，所以第 5 章着重分析对象的构成，以及如何开始制作和制作中用到的一些技巧和方法。第 6 章以汽车作为建模对象进行操作演示，这种方法适合所有交通车辆的建模。第 7 章则注重有机体的建模，主要通过分析人的头部结构，对面部多边形走向进行合理分析，以适应以后模型动画的要求，同时对四足生物的建模也有介绍。第 8 章介绍 NURBS（nonuniform rational B-splines，非均匀有理 B 样条线）建模方式，随着计算机在运算速度和存储技术方面的高速发展，建模中细分已经不再重要，所以基本没进行讲述。

　　本书最重要的目的是介绍数字建模的科学方法，而不是仅学习一些建模的指令，这可以改变读者对数字建模的认识，在较短的时间里对数字建模形成较为科学的认识。本书在编写过程中也得到许多朋友的支持，特别感谢龚廉惠女士帮忙整理资料。

　　本书涉及的图形仅供分析、借鉴，其著作权归原作者或相关公司所有，特此声明。

陈建强

2018 年 1 月于中南民族大学

目 录

第1章
概　　述

1.1　Maya 的核心概念

首先要强调的是，学习三维动画艺术不只是学习一种软件的使用，就像学习摄影并不只是学习如何使用照相机一样。三维动画软件有很多种，但其原理基本相同。也许每个人都有自己偏好或习惯，会选择使用某一两种软件，但我们要知道的是，软件只是一个创作的工具，更重要的是要使用它来实现艺术创意。

Maya 是具有较先进技术的三维动画软件产品，是目前 3D 动画软件中应用最广泛的商业电脑应用程序，其功能和复杂程度远超过同类产品。名义上 Maya 是在 1995 年正式开发的，实际上，早在 20 世纪 80 年代中期，在 Alias/Wavefront 公司成立的时候就已经开发了。Alias 公司正式成立于 1983 年，Wavefront 公司则是在 1984 年创建的。两家公司都是由一群怀有"使用电脑图形学思想"的人所创建的。尽管这两家公司起初是竞争对手，目标都定位在电影和视频制作的电脑动画领域，但随着各自的发展，它们的不同逐渐显现出来。Alias 公司其发展目标转向了工业设计市场，Wavefront 公司则发展成为以影视动画为主的领导者。两家公司于 1995 年开始合并，整合了各自的知识和经验来开发一种新的产品，终于在 1998 年诞生了它们的"新生儿"——Maya。自从 Maya 发布以来，电影特效公司如维塔数码（Weta Digital）、光影魔幻工业特效公司（Industrial Light & Magic，ILM）、皮克斯动画工作室（Pixar Animation Studios）、索尼图形图像运作公司（Sony Pictures Imageworks）和数字王国集团（Digital Domain），都指定采用 Maya 作为生产 3D 动画特效的主要应用软件。索尼和微软也认可 Maya 在技术上已经远远超过竞争对手，并帮助定义 Maya 作为视频游戏（video game）工业标准。网站、印刷和工业设计也因为 Maya 独一无二的高性价比而采用它作为 3D 图形设计工业标准。2003 年，美国电影艺术与科学学院肯定了 Maya 的成就以及对电影工业的影响力，因此授予它奥斯卡科学与技术发展成就奖。2006 年 Autodesk 公司收购了 Alias 公司。

使用 Maya 可以方便地制作出很多场景和角色，在电影中，许多我们熟悉的特效扣人心弦，如《指环王》《木乃伊》《冰河时代》《变形金刚》《阿凡达》等，很多场景和角色都是使用 Maya 制作出来的。如图 1-1 所示，这是 2002 年蓝天动画工作室制作的，由 20 世纪福克斯电影公司发行的完全数字化的动画电影。

图 1-1　《冰河时代》电影场景

Maya 由一整套实用、易于操作的工具组成，这些工具能创作复杂的特效，可以进行 3D 建模、动画、纹理、灯光、渲染以及动力学等工作。Maya 的脚本语言 MEL（Maya embedded language，Maya 嵌入式语言）允许用户灵活地创造和修改工具，让用户在生产过程中创建适合自己的一些功能和流程。虽然 Maya 需要用户学习的东西也很多，但是那些寻求更好地使用 Maya 的人也可以从他们的劳动中得到收获。使用 Maya 所需要的知识可以逐步学习（包括工具的使用），随着经验的日积月累，就能够制作出好的作品。

面对眼前的屏幕，怎样发挥自己的创造潜能呢？在进入三维动画这个特殊领域之前，理解三维动画生产的概念和过程是非常重要的。

1.2　生产工作流程

做每件事情之前，往往会面临很多选择，Maya 也一样。事实上 Maya 提供的选项多得可以花上几天、几月甚至几年来探索完成项目最有效的过程，我们常称之为工作流程，它被广泛应用在专业的三维电脑图形生产中。

为了说明有效的工作流程的重要性，可以以一辆汽车的制造为例。在工程设计前期，需要思考的问题有：这辆汽车需要做什么？为谁做？怎样使用？明确了这些问题后，设计师和工程师才可以投入工作。

在生产过程中，通常不同的团队解决不同的问题。即使他们分开工作，团队之间也要保持不断的沟通。一个团队在任何环节的改变，无论轻重，都会对另一团队造成很大影响。此外，如果以错误的次序装配组件，下一配件就可能无法正常安装，整个工件就不得不拆卸并重装。如果每个小组都不理解生产的整体性或不能彼此有效沟通，就很容易导致产品生产失败。

三维作品也是一样。如果已设计好角色并做好动画，但开始的设计并未完全完成，那么所有的模型、绑定（rigging）以及动画都将不得不重做。在一件作品的生产过程中，也必须遵守每一个个体的次序，这样才能有效完成任务。

如图1-2所示，这是许多电影工作室中应用的一般性流程的方框图。当然每个工作室都有自己的流程习惯，但所遵循的方法基本一样。

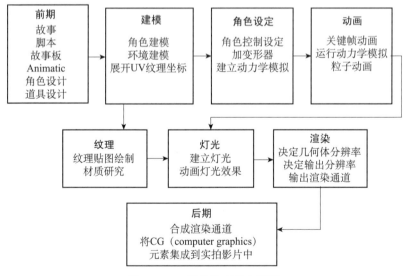

图1-2　3D影片生产基本流程

所有的事情都是从一个故事开始的，没有故事，就没有项目，也就没有过程。虽然 Maya 的三维制作技术非常强大，但如果没有很好的创意，同样无法发挥其潜能。一旦确定好故事脚本，就需要开始设计其中所有的元素，不断探索改进视觉设计，这个过程属于生产的前期过程。

生产流程的下一个主要步骤就是建模。在整个生产过程中，建模部门（团队）可能常常向绑定部门递交和升级模型，同时绑定部门为动画做准备。在动画制作期间有许多工作要做，除了要学会关键帧技术外，还要学会将特效（如火、烟和水）通过粒子系统加到场景中。最后给物体赋予纹理，加上灯光，渲染动画。

生产流程取决于产品的类型，一般生产流程的最后一步是后期制作过程。在影视中，可能会使用合成软件来合成一些实拍场景和 Maya 渲染的内容。而在电子游戏产业，后期可能涉及游戏引擎编程。

作为个人，在使用 Maya 时也会形成自己的风格，所以在学习过程中，完成任务的方法不是唯一的，工作流程每次都可以改进。为了不局限在其中，可以创造自己的工具，这也是 Maya 的强大之处。

1.2.1　前期制作

前期制作对于任何 3D 产品的工作流程而言是非常重要的一个环节。即使在一个技术发达的时代，一个三维动画项目都应该从用铅笔和纸开始设计。故事板、概念设计草图以及角色设计对于每个成功的三维动画项目来说都是十分重要的。

当影片《星球大战 I》的故事板完成后，乔治·卢卡斯和他的电脑图形艺术家团队率先采用电脑做预视觉化（previsualization）场景，产生的动态电子分镜（animatics）是卢卡斯使用基本的几何造型、动画和灯光来建立和试验故事板中艺术家们构思的镜头。自此之后，预视觉化普遍成为电影产业中设计复杂镜头和特效的一个方法。即使是独立的艺术家，"previz"（视觉预览）也能帮助其快速地判断镜头系列是否运作合适。图 1-3 是《鼠国流浪记》（*Flushed Away*）前期的设计。

图 1-3 《鼠国流浪记》前期设计

1.2.2 建模

建模在动画制作中是关键的第一步。在制作动画之前，必须创建能制作动画的对象。建模就是创建角色、小道具以及环境的过程，这些物体是由三维集合面构成的，所以能从所有角度查看并旋转。与二维技术相比较，使用三维技术的最大优点就是其对象（如角色）只需要建构一次，而二维在动画中的每一帧都得重画。尽管有些产品不需要图片，但是所有的重要模型都应该有合适的设计参考素材。建模通常是把模型的主体用线条表现出来，一般是正交视图。如果图片来自不同的艺术部门，那么草图的准备工作应该先于任何给定的物体的建模工作。在建模时，必须从众多的形式和技巧中做出选择，这取决于后面阶段的需要，如设置光影或者连接。Maya 的建模方式（多边形、NURBS 和细分表面建模）都有各自独特的特点和结构方式。尽管在某种意义上，建模是整个制作过程中迈出的第一步，但它会影响后面的许多阶段，所以对建模进行深入的了解是非常重要的。图 1-4 是模型的线框图，图 1-5 则是具有纹理贴图的3D 模型渲染完成的效果。

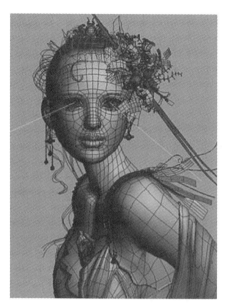

图 1-4　3D 模型线框图　　　　　图 1-5　渲染完成的效果

在工作开始之前，最重要的是要清楚动画中能看到多少模型，以及镜头离模型的距离。在前期工作中判断出一个模型是如何恰当运用在项目中是很重要的。

一旦决定场景类型和需要的模型，就决定了建模这一阶段将要做些什么。

1.2.3　角色设置

角色设置也称作绑定（rigging），是为让角色活动起来的一个准备过程。典型的就是为模型创建一个比例和特征都合适的骨骼，如角色的髋关节就要求放在臀部，膝关节就要求放到膝盖处。

我们可以创建一些控制物体并连接到骨骼上。动画师可以通过控制物体对3D 角色表演做出控制，就像木偶表演的控制一样。如果一个骨骼能被很好地绑定，就算把它交给一个缺乏电脑知识的动画师，动画师也能直观地建立其姿态并动画这个角色。

1.2.4　动画

动画过程就是计角色在时间和空间上活动起来。动画是通过依次设置的关键帧形成的，也是记录一个物体在某个时间点上的位置、旋转、缩放形状等。与真正的动作不同，动画表演不是一步到位的，每一个表演都要经历不同阶段，要经历一个从粗糙到细腻的过程，从而获得细微情感的表达效果。

最有效的动画工作流程就是所谓"block and refine"技术。在动画中，最注重的就是"timing"，即在哪一帧上角色是什么姿态。通常在这点上没有关键帧插补，也就是在关键帧之间没有运动存在转换，角色也只是从一个姿态进入下一个姿态。

在随后的步骤里，要在这些姿态之间设计一些二次姿态。一旦所有重要的姿态都设置好后，让插值起作用并细化这些姿态之间的运动。因为这个过程将花费更长时间，所以更需要耐心增加运动的细节。

1.2.5　材质和纹理

材质和纹理是给模型加上真实表面的过程，如果没有这个过程，所有3D元素都将被渲染成无纹理的样子。至于每个表面或表面组，创建的材质决定了表面的特性，如颜色、透明程度、闪亮度、凹凸以及反射等。3D艺术家通常说材质决定物体"shader"性质，并给材质加上细节纹理贴图，如斑点和细的褶皱。

位图影像，如Photoshop等图像处理软件创建的图像能够用来控制各种shade特性。一般情况下，加上这些纹理贴图，会使物体表面细节更精细。

1.2.6　灯光和渲染

3D生产过程最后就是灯光和场景的渲染。Maya的灯光和现实中的灯光一样，在影视制作中，灯光不仅用来照亮场景，而且也用来创造或增强某种情绪。我们同样可以通过布光、设置光的强度、调节光的色彩等来实现创造或增强情绪。在真实世界中，光会反射周围色彩，从光影的角度也可以看出故事发生的时间。光在三维制作中与光在影视制作中一样有着非常重要的作用。

为了体现灯光的效果，必须对场景进行渲染。渲染就是根据所有三维数据形成影像的过程。对于一个单帧，渲染引擎会找出在摄像机前的物体并根据物体表面的方向、特征和光照的信息画出每个像素。渲染的目的就是避免不需要的物体以合理的时间获得影像。

　　一旦决定了特定的计算并设定好文件，渲染工作就完全交由电脑自动完成。这可能会花费几秒或几小时甚至几天的时间，完全取决于场景的复杂程度。

　　图 1-6 展示的是一个用几种类型的光源照亮渲染后的场景。有些光被简单设置成照亮整个场景，有些光则用发光和雾效果使我们能看到光束。

图 1-6　场景灯光效果

1.2.7　后期

　　当动画的每一帧都渲染完成后，我们将这些渲染好的 3D 素材带到另一软件包中，与其他视频和电影镜头合成。场景 3D 元素被单独渲染也是很常见的，如先将每个角色都单独渲染，然后在合成阶段，再将它们合成。

　　有些情况下对于同一物体会将不同表面特征分开渲染，合成时再完全控制完整的图像。通过这种方法，反射、高光、颜色都很容易改变，而不需要艺术家们回到 3D 部分进行校正、重新渲染。

1.3　Maya 的体系结构

　　Maya 的用户界面被设计得较为人性和方便。为了更好地发挥 Maya 的能量以及更有效地工作，应该大致了解它是如何工作的。

1.3.1　节点、属性、子属性

节点是 Maya 中基本的构造块，有多种类型，如形状节点、转换节点、渲染节点和一些包括某种操作运算法则的节点。每个节点都包含属性或通道。属性是节点的性质，如色彩是材质节点中的一个属性。属性的输入和输出可以连接到另一节点属性的输入和输出。当一个属性输入被另一属性控制的时候，那么它将依赖引入的连接属性。

Maya 中的任何对象，不管是集合体，还是纹理贴图、灯光，甚至一个操作，都可以作为一个节点或节点组。图 1-7 展示的是由一个基本的 NURBS 球组成的节点，Maya 中 Hypergraph 窗口显示出一个表示场景中对象之间关系的图形说明。从图中可以看到节点之间的线连接着节点的属性，而箭头则指出连接的方向。Maya 处理第一个节点所包含的信息 makeNurbsSphere1，并通过连接到下一节点输入属性，nurbsSphereShape1 输出其信息，然后到 initialShadingGroup 节点上并最后处理这些包含在内的属性而将形状显示在电脑上。

所有这些关于球的大小、扫描角以及分辨率都以某些数值的形式储存在 makeNurbSphere1 节点唯一的属性中。这些属性的取值可以是不同的数据类型：整型（全部是整数）、浮点型（小数）、布尔型（开或关）、字符串型（文字）。作为用户，可以在 Hypergraph 窗口选择节点编辑这些数值，并且在属性编辑器或通道盒子（Channel Box）里修改它们。

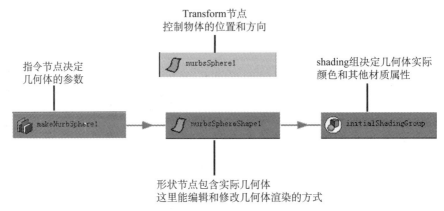

图 1-7　Maya 的 Hypergraph 窗口显示出一个 NURBS 球输入输出的连接关系

Maya 从 makeNurbSphere1 节点提取所有信息并从输出表面属性将其送出。

输出表面属性到 nurbsSphereShape1 节点所产生的属性。nurbsSphereShape1 节点包含渲染引擎在渲染时如何编译的属性，如形状节点包含决定物体是否产生阴影、接受阴影、产生反射或完全渲染等属性。

现在形状确定了，还需要物体色彩的确定，这样才能正确渲染。initialShadingGroup 节点从形状节点获得输出并从材质节点输出，从而决定这个球表面性质如何。然后输出信息（包括其他建立在其属性上的信息），并且将球送到渲染分区，在这里将一起计算来自 shading 组合和灯光的信息，从而完成渲染工作（渲染分区节点并未显示在图 1-7 中）。

因为 nurbsSphereShape1 节点是依赖 makeNurbSphere1 节点的，我们称球是有历史的。通过选择对象用 Edit → Delete By Type → History 可以删除任何对象的历史。这将中断所有引入的节点并将它们删除。在这样的情况下，一旦历史在形状节点被删除，就不能再返回编辑扫描角或分辨率了。如果想做这个，需要完成一个额外的操作，它将引入另外一个节点并连接到形状节点上。

1.3.2　节点层级

再看图 1-7，会发现 nurbsSphere1 节点并未显示连接到球网络的任何其他节点的连接线，它是一个转换节点。转换节点包含决定其位置、旋转、缩放和可见性等属性。这个节点连接显示之所以不同，是因为没有一个是来自其他节点的属性连接到转换节点上的。它们享有一个被称为"层级"的不同类型的关系。

在 3D 建模和动画时，会常常用到层级在对象中建立关系。例如，为了多个物体跟随一个物体运动，就需要创建层级关系。假如对象是辆车，你希望移动车体时轮子、车门、车棚等都随之移动。这样的情况下，车体是"父"物体，而其余则是车体的"孩子"，孩子跟随父母的这种方式被称为"等级转换"。

在将许多对象组成一个模型或有效动画的几个对象时，层级概念非常有用。图 1-8 展示了太阳系中行星简单的层级关系。

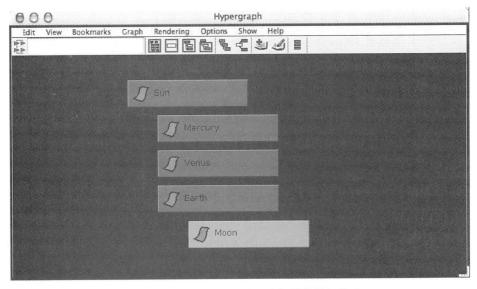

图 1-8 Hypergraph 显示出一个场景的层级关系

　　层次的结构被认为是树，不仅因为它是自上而下的，而且因为它与树的自然现象类似。层次的顶部称为根，根下面的称为枝。有时也用父母和孩子的关系来描述层级，基本上父母是根，孩子是枝。

第 2 章
Maya 用户界面介绍

2.1   Maya 界面简介

图 2-1 是默认状态下 Maya 工作界面的布置。

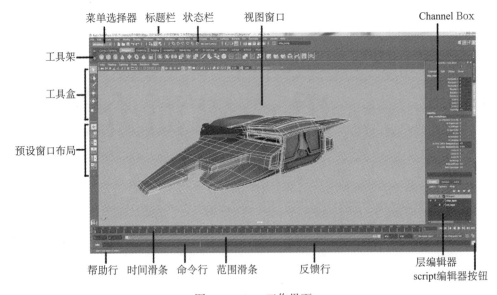

图 2-1   Maya 工作界面

2.1.1   标题栏

标题栏显示 Maya 版本号，所工作的场景名称以及选择对象的名称，也包括最大化、最小化和关闭按钮。

2.1.2   菜单栏

通过菜单栏中的下拉菜单可以快速进入 Maya 的功能界面。每个下拉菜单里的内容引导用户进入相关的工具、命令和设置。菜单里也列出了快捷键。

2.1.3   菜单集合

由于 Maya 有太多的菜单，单行不可能完全容纳，所以通过在菜单集中划分来解决空间问题。菜单集是根据特定工作流程的相关工具和指令划分的。

在 Maya complete 中有 5 个菜单集合：Modeling、Rigging、Animation、FX、Rendering（不同版本的 Maya 分类稍有不同）。可以通过菜单选择器中的下拉列表进入这些菜单集合。当选定菜单集后，菜单栏中的一些选项会根据所选择的集而改变，如图 2-2 所示。

选择想工作的菜单集

图 2-2　Maya 菜单

小窍门：使用快捷键可以直接进入菜单集，如表 2-1 所示。

表 2-1　进入模块菜单的快捷键

快捷键	菜单模块
F2	Modeling
F3	Rigging
F4	Animation
F5	FX
F6	Rendering

小窍门：Marking 菜单在整个 Maya 界面中都可以用到。按住空格键，在视窗中点击或者在视窗中按住右键，则打开 Marking 菜单。

不管用什么菜单集，File、Edit、Create、Select、Modify、Display、Window 和 Help 菜单选项都会出现在菜单栏中。这些项目在任何工作流程中都是一样的，它们担当着许多软件中都有的基本指令，如 Cut、Copy、Paste、Save、Close 等，能允许用户创建新的物体（Create 菜单）、修改这些物体、进入不同的视窗（Window 菜单）以及选择如何显示视窗中的内容（Display 视窗）。

2.1.4　工具和指令

工具和指令在 Maya 中的功能是不同的。在浏览 Maya 菜单时，会发现有些项目含有"工具"这个词而其他的却没有。工具和指令的差别很细微。例如，Create 菜单包含一个被称为 CV Curve Tool 的工具，当选择这个工具时，Maya 就会进入这个工具激活的状态。在这种情况下，在视窗中每次按下鼠标键就会产生一个控制点，想要结束使用这个工具，就必须按回车键。

指令是指在菜单中选择之前要求的某种输入。Edit → Duplicate 指令就是一个很好的例子，在 Edit 菜单中选择 Duplicate 指令之前，首先必须选择一个物体，选择后就可以在 Edit 菜单中选择指令并执行，结果就是复制被选择的对象，这个操作由 Duplicate 指令执行，同时也可以做下一任务。有些指令不需要任何输入，当执行它们时候，只是简单创建一个对象，如 Create → Locator 指令。

2.1.5　工具选项和指令设置

在菜单中的工具和指令旁边还有一个矩形图标，选择这个图标，一个指令或工具设置窗口就会打开。选项窗口总是一个浮动的视窗，在这里可以修改一些设置并执行。图 2-3 是 Duplicate Special Options 窗口。

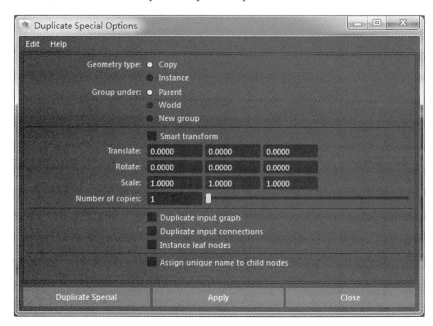

图 2-3　Duplicate Special Options 窗口

在这里，选择 Edit → Duplicate Special，可以设定复制数量及每个复制如何移动、旋转或放大。

选择 Duplicate Special 后，工具设置窗口会在工作空间右边打开。这样设计是为了让用户在事后修改工具的设置。图 2-4 是笔刷工具，当这个工具被激活后，可以很方便地边工作边调节色彩和刷子尺寸。

2.1.6　状态栏

状态栏包括一些非常有用的工具，如选择遮罩、锁定模式和渲染按钮。图 2-5 是这些按钮在状态栏中的分布情况。

图 2-4　笔刷工具

图 2-5　状态行

在状态栏中，最常用的是选择模式和选择遮罩。选择模式部分有三种选项来供用户选择，从左到右依次是通过层级选择、通过物体类型选择和通过成分类型选择。一旦在状态栏中选定其中之一，选择遮罩就会更新为相应的选择模式。

当物体类型选择按钮被按下时，选择遮罩部分就会显示不同物体类型的按钮。从左到右依次是 Handles、Joints、Curves、Surface、Deformers、Particles、Rendering Object 和 Miscellaneous Object。

当场景中对象很多时，这些选择模式和遮罩可以让选择变得更容易。例如，在场景中有几百个曲面夹杂着曲线，相互交织，选择曲线而不选择曲面将很困难。这种情况下，只要在选择遮罩里点击 Surface 按钮，使 Surface 选择不起作用，就可以很容易地选择到曲线。

2.1.7　工具架

工具架位于状态栏下，其中有最常用的工具和指令图标按钮。图 2-6 展示的是工具架的按钮。按钮是根据相应工作流程组织的。选择页面，点击工具架上的按钮，就能执行指令或启动工具，而不必从菜单中选取。

图 2-6　工具架按钮和标签

在熟练操作 Maya 后，可以将习惯使用的工具组织在工具架上。如果发现一个工具或指令在菜单中但不在工具架上，可以将其添加到工具架上，方法是按住 Shift+Ctrl 键并选择想加入工具架上的指令或工具，释放鼠标后，选择的工具或指令就会添加到工具架上。

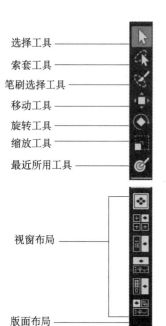

选择工具
索套工具
笔刷选择工具
移动工具
旋转工具
缩放工具
最近所用工具

视窗布局

版面布局

图 2-7　工具箱布局

若要创立新的工具架，可以删除选中的工具架，从硬盘上装载或打开工具架编辑器，用这个编辑器可以组织每个页面中的按钮，如建模页面、动画页面、灯光页面等。

2.1.8　工具箱

图 2-7 是工具箱布局，其中包含所有工作流程中最常用的工具。

前 3 个工具是最基本的选择工具（选择工具、索套工具、笔刷选择工具）。通过单击选择工具可以选择视窗里的对象，选择多个对象时，选取对象的同时按住 Shift 键，或用 Lasso 工具。当要选择构件（子物体或形状）时，可以用 Paint Selection 工具。

其后的 4 个工具是转换工具（移动工具、旋转工具、缩放工具和最近所用工具）。用 +、- 可以改变操作器的大小。

工具箱里最后一部分是进入各种视窗的快捷按钮，这些按钮通常用于激活一些预设的版面。

2.1.9　工作空间

工作空间是由一个或多个进入不同用户界面的视觉窗口组成的。打开 Maya 时，默认状态下只有一个显示面板。图 2-8 是 Maya 3 个面板同时显示的用户界面，分别是透视窗口、Hypergraph、Graph Editor。Channel Box 出现在用户界面的右边，这种窗口布局较适合动画需要。这个画面中，RT_shoulder 被选中，它的变换节点显示在 Hypergraph 窗口中的层级里，同时对象动画数据显示在 Graph Editor（面板）。利用所有这些面板，动画师能在透视窗口或 Hypergraph 中选择对象，并利用 Channel Box 和 Graph Editor 来分析或编辑动画数据。

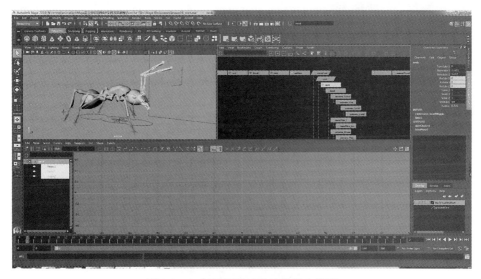

图 2-8　3 个面板同时显示的用户界面

2.1.10　Channel Box面板

图 2-9 是 Channel Box 面板，在这里可以查看、编辑选定对象任何节点的属性，并且可以对其设置关键帧。编辑 Channel Box 中的数值有两种方法：一种是直接输入数值；另外一种是单击 Channel Box 面板中属性的名称，然后按

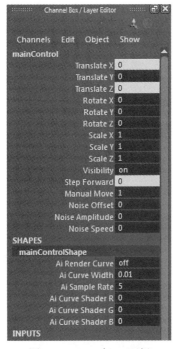

图 2-9　Chanel Box 面板

鼠标中键在视窗中拖动鼠标，数值会随着拖动而改变。

小窍门：按下 Ctrl 键并拖动鼠标时，数值将以更小的幅度变化。

2.1.11　层编辑器

用层编辑器可以将对象分组来组织场景。层通过标示可见或不可见、渲染或不可渲染来快速便捷地隐藏或显示对象，层编辑器工作界面如图 2-10 所示。

在层编辑器上单击创建新层，新建的层就会出现在层编辑器中。所建的层都会被命名，且并列在层编辑器。最左边方框用于设置可见或不可见，第二方框 P 表示播放时是否显示物体，空则不显示，最右边方框则表示空的时候是可选层内对象。T 表示模板，层内对象为线状且不能选择。R 表示参照层，此层中的对象有阴影且可以被渲染，但不能被选择。

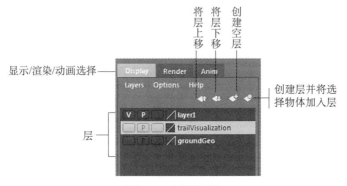

图 2-10　层编辑器

用鼠标双击一个层，可以打开层性质窗口，在这个窗口里可以修改层名称并赋予其颜色，一旦选定颜色，此层中对象的线网就显示为这种颜色，当然，它不影响渲染颜色。

2.1.12 时间滑条和范围滑条

图 2-11 是时间滑条和范围滑条，它位于工作空间下方。在时间表上滑动，能看到动画效果。

图 2-11 动画滑条

当它播放动画时，则像 DVD 机一样可以控制。可以在开始和结束的地方输入数字来决定动画总的长度，通过范围滑条设置显示在时间条里的帧范围。用范围滑条可以限制回放动画的长度。这对在一个很长的动画中只工作一小段的情况非常有用。

2.1.13 命令行和脚本编辑器按钮

用 Maya 视窗底部的命令行可以输入 MEL（Maya 嵌入式语言）指令。

在左边输入指令，右边则显示出错信息或反馈。反馈行右边的小方块是脚本编辑器按钮，在脚本编辑器里可以创建或编辑长的 MEL 或 Python 脚本。

2.2 Maya 工作空间

2.2.1 观看工作场景

Maya 工作空间的主要功能就是可以查看自己的场景，也能显示各种编辑器并以不同的布局安排工作空间。面板菜单包含一些指令，用于改变视窗、显示编辑器，以及重新布置面板。视觉视窗实际上是通过一个虚拟的摄像机查看场景，有 4 个默认的视窗：透视、前视、侧视和顶视，若要浏览场景，可以移动摄像机，主要的指令如表 2-2 所示。

2.2.2 Maya 坐标系统

Maya 是一个三维坐标系统，其创建的角色和场景有精确的数值。在笛卡儿

表 2-2 摄像机控制快捷键

按住	点击	操作
Alt		滚动 （滚动在正交窗口不起作用）
Alt		平移
Alt		推拉
Ctrl + Alt		框选推拉

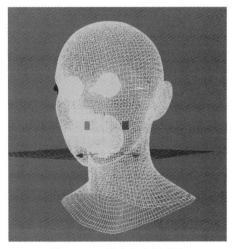

图 2-12 Y 轴向上坐标系统

坐标系统中，原点是坐标为（0,0,0）的中心点，所有的点都是通过 X、Y、Z 轴上的数值定义的，通过设置可以定义 Y 向上或者是 Z 向上。

Y 向上的坐标系统中，X 轴是水平方向，Z 则是场景的深度。这个系统通常被动画师采用，这是因为他们习惯二维动画纵轴（Y）和水平轴（X），然后加上离开或朝摄像机方向运动（Z），如图 2-12 所示。

Z 轴向上系统是源于以 X、Y 方向表示地平面、Z 表示向上的方向。这个系统通常被动画师所采用。

1. 改变坐标系统向上方向

可以在 Preferences 里或者用 MEL 指令来改变场景坐标方向。

为了在 Preferences 里指定场景坐标方向，可以做如下步骤：

（1）选择 Window→Settings/Preferences→Preferences，设置坐标方向类别。

（2）在 World Coordinate System 下，选择 Y 或 Z。

2. 用 MEL 指令定义坐标方向

（1）为了将坐标系统改为 Y 向上，在命令行中输入：upAxis –ax y；

（2）为了将坐标系统改为 Z 向上，在命令行中输入：upAxis –ax z；

3. 全局坐标

全局坐标表示视窗中空间。例如，当移动摄像机时，就是在全局坐标系中移动。全局坐标系的中心位于原点，全局坐标也被称为“建模坐标”。

4. 局域坐标

局域坐标表示围绕一个实体的空间，其坐标原点是实体的中心。

理解局域坐标系的一种方法就是想象位于一个盒子内的物体。物体表面上所有的点的位置都是以盒子中心为依据的。如果将整个盒子在房间中移动，在盒子中的物体坐标相对于盒子并没改变。而盒子相对于房子，坐标却改变了。物体相对于盒子就是局域坐标，盒子相对于房间就是全局坐标。

5. 摄像机

在 Maya 中，无论是透视视窗还是正交视窗，都是通过摄像机观看到视窗的，视野会受到镜头的限制。如果想从另外的角度观察场景，可以移动摄像机，但要回到原来的视角，就不得不再将摄像机移回原位置，当然也可以为另外的视角创建另外一个摄像机。无论看到场景中哪一部分，都取决摄像机的设置。当设置输出分辨率、纵横比（aspect ratio）、影像平面（image planes）的时候，应该考虑到摄像机中的每个设置代表什么并且是如何与真实世界关联的。

1）焦距

焦距（focal length）的定义为镜头的中心到胶片上所形成的清晰影像上的距离。焦距越短，焦平面距离镜片背面越近。镜头是由焦距来划分的，焦距通常以毫米（mm）为单位。一个镜头的焦点距离，决定着被摄体在胶片上所形成的影像的大小。例如，一个镜头包含整个角色还是只包含头和肩部。有两种方法使物体在画面中更大，就是移动摄像机距离物体更近，或者调整镜头到更长的焦距。焦距直接和画面中物体尺寸成比例，如果把焦距增加一倍（保持摄像机与物体距离不变），物体将在画面中变大一倍。画面中物体的尺寸与物体到摄像机的距离成反比，如果将摄像机与物体距离增加一倍，则画面中的物体尺寸缩小一半。

2）视角

当调节摄像机的焦距时，视角会变窄或者变宽，这就是引起物体在画面中变大或变小的原因。当增加焦距，视角就会变窄，缩短焦距则视角会变大。

3）透视

有两种方式可以改变画面中物体的大小：移动摄像机和改变焦距，但是它们之间的区别是什么呢？为什么选择这一种而不是另外一种呢？答案是：移动摄像机改变了透视，远离摄像机的物体比近处的物体在尺寸上变化更慢；在改变焦距时候，透视不变，画面中所有物体都以相同速度改变尺寸。

4）摄像机孔径

真实摄像机孔径（camera aperture）是以毫米为单位的胶片宽高之比。孔径与焦距有关，因为不同的胶片有不同的"标准"镜片。标准镜头的焦距不是望远镜头和广角镜头的焦距，而是接近正常视觉的焦距。当摄像机孔径尺寸增加，为了达到"标准"透视则需要更长焦距。例如，35 毫米摄像机用 50 毫米镜头作为标准镜头；在 16 毫米摄像机中，同样用 50 毫米镜头就能表现出望远镜头特征；在 16 毫米摄像机中，要 25 毫米镜头才能达到"标准"透视。

6. 布局选项

用户可以将工作空间划分为多个面板的布局方式。例如，按空格键然后释放，可以切换到默认四视窗，再次按空格键然后释放，将会使激活的面板扩展到全屏幕显示。另外，可以在任何面板内显示各种编辑器，以便根据工作流程安排面板布局。

7. Maya 中的物体

1）物体的选择

在 Maya 中创建的场景包含物体，而物体则由组件组成，如点（CV 点）、编辑点、面片（patch）、多边形面等。在 Maya 中工作时，可选择物体模式或组件模式。默认状态通常是物体选择模式。组件模式显示并让用户编辑物体组件，可以通过状态行转换物体和组件这两种模式，也可以通过快捷键 F8 来转换。图 2-13 说明一个在物体模式下的圆环以及同一个圆环在组件模式下进行的修改状态。

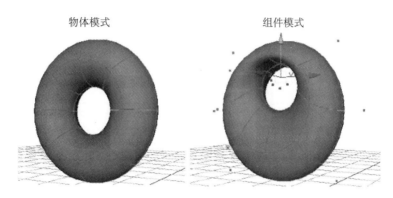

图 2-13　物体选择模式

若要选择物体或者选择所要编辑的组件类型，可以采用选择遮罩，也可以在物体上按住鼠标右键并在标记菜单中选择。例如，在一个 NURBS 球上按右键，从标记菜单中选择 Control Vertex（控制点），CV 点就会显示出来供用户进行编辑，如图 2-14 所示。

可以从场景、Outliner、Hyper-graph 以 及 Relationship Editor 中

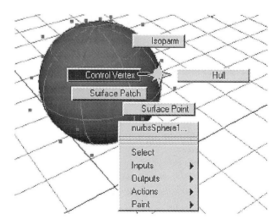

图 2-14　标记菜单

单个选择物体。对多个物体的选择，可以用套索工具，或者用 Shift 键。

2）物体的显示

默认状态下，物体是线框显示。为了使物体以阴影方式显示，可以在 View 面板中选择 Shade 模式，快捷键如表 2-3 所示。

表 2-3   物体显示模式

快捷键	显示模式
4	线框
5	光滑阴影
6	带有纹理的光滑阴影

通过数字键盘，可控制物体显示的光滑程度，不过一般主要是影响显示，不会影响渲染。但对 Polygon 物体在用 Mental ray 或 Arnold 渲染时会有影响。表 2-4 是显示光滑程度的快捷键。

表 2-4   物体显示精度快捷键

快捷键	显示模式
1	粗糙
2	适中
3	精细

3）物体属性

所有物体和组件的特性都储存在实行中。当建模、动画、赋予材质，或者对物体进行任何操作的时候，属性的数值就会改变。编辑器包含所分析物体的所有属性，可以直接在 Channel Box 或者在属性编辑器中查看并编辑其属性。Channel Box 包含一个或多个物体，可以设置关键帧的属性，而属性编辑器包含单个物体的所有属性。

通过编辑物体属性，可以改变移动参数。在 Channel Box 中，Translate X、Y、Z 出现在顶部，为了快速地将物体放置到坐标（1,1,1）中，可以选择这三个属性，输入 1，然后按回车键（一般在按回车键前，输入的数值不起作用），如图 2-15 所示。

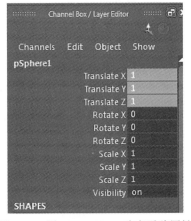

图 2-15   用 Channel Box 改变平移属性

4）属性与节点

当对属性进行操作时，需要意识到 Maya 节点的构架。它的模块就是节点，节点将相关的一些属性集合在一起，如描述物体的变换就在变换节点里。之所以要关注节点，是因为要知道属性是用这样的方式集合在一起的。一般来说，节点通常是以下几种类型之一：变换节点（物体的位置）、形状节点（组件的位置）、输入节点（物体的结构）以及 Shade 节点（物体的材质），如图 2-16 所示。

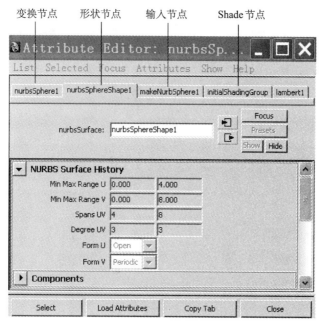

图 2-16　属性编辑器

随着经验的增加，可以利用节点做出连接。例如，通过连接物体节点的旋转属性来连接两个按轨道运动的球体动画。

8. 物体属性实例

1）建立一个基本的球体

Primitives 在 Maya 中是表示一些基本几何形状的物体。通常是球体、立方体、圆柱体、圆锥体、平面和圆环等。创建一个球体，然后编辑其属性。

2）选择 Create → NURBS Primitives/Sphere ❒

打开 NURBS 球选项窗口。NURBS 球选项窗口如图 2-17 所示，在这里能选择创建初始状态。通过数字设置，可控制形状 makeNurbSphere 节点。

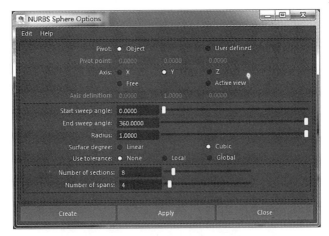

图 2-17　NURBS 球参数选项

选择物体，Pivot 默认状态下，它的重心位于球的中心。可以选择用户定义选项，在 Pivot 点属性字段里输入 X、Y、Z 坐标。

（1）Axis 控制球的极所面对的方向。球所有的 Isoparm 在极点会合。默认的设置是 Y 轴，所以球的极将指向 Y 方向。选择 X、Z 轴，则球的极依次会指向 X、Z 方向。当选择 Free 时，其下面的轴向定义属性会被激活。选择 Active View 选项则会使轴向和当前视觉窗口的轴向一致。

（2）Start sweep angle 和 End sweep angle 控制球开始和结束打开的角度。例如，设置开始的扫描角度为 0°，结束为 180°，结果形成半球体。如果将开始角度设为 90°，结束为 270°，同样也可以得到一个半球体。但相对于前者，整个半球旋转了 90°。

（3）Radius 用 Maya 的单位表明球体的半径大小。

（4）Surface degree 决定控制点数据如何进行插值替换来生成表面。设置 Linear 或 Cubic。这意味着表面次数为 1 或 3。线形设置将产生看起来较硬的物体，因为球的编辑点连接成了平面。

（5）Use tolerance 用于改善球的精密度，在渲染时会增加更多的工作量。默认状态下，球由 U、V 方向间距数来定义。然而它们取决于曲线的公差，这个公差就是生成的表面和数学定义的球体的偏差。低的公差值为了与数学定义的形状更接近，将会使得细分面更繁多。

（6）Number of sections 和 Number of spans 设置 U、V 方向的跨距数，Maya

通常称 U 方向的跨距为节。

创建一个基本物体后,可以编辑它的属性。先用默认设置创建球体,然后在 Channel Box 和属性编辑器里对它进行编辑,可以调整各个参数,也可以通过按 T 键显示操作器工具来控制这些参数。

2.3　场景管理

Maya 有各种各样组织场景元素,并且可优化场景文件大小。下面列出一些主要的场景管理特征。

2.3.1　分组

可以快速将选择的物体组成组(groups)并将其看成一个整体来进行操作。

集合和分区与组相似,但它们同时有机会处理组件。分区是将一些集合作为一个整体,用来防止两个集合相互重叠。

组使用户能容易地将一个操作施加给多个物体,用 Group、Ungroup 和 Create Empty Group 可以组成一个组,解除一个组,创建一个空组。

组成一个组的步骤是:①选择想组成组的物体;②选择 Edit → Group。

2.3.2　层

分层将物体分组的方法,可以隐藏层(layers)里面的物体,也可以将它们作为模板物体,或者用隔离的通道渲染它们。层编辑器可以创建层、添加或移去层里物体,或者设置层物体可见或不可见等。

2.3.3　场景优化

在存储之前,优化场景大小可以改善性能以及内存的使用(File → Optimize → Scene Size)。

当完成建模工作,准备进入动画阶段时,建议删除物体的历史(构建历史,即在构建物体时记录的一些信息)。选择物体然后选择 Edit → Delete by Type → History。可以通过设置状态栏中的构建历史开关,来避免删除所有构建历史。

2.4　建立项目

建立项目就是在硬盘上建立一些文件夹和子文件夹组织 Maya 项目。Maya

项目除了包括场景文件，还包含纹理贴图、缓冲动画数据等。因此，将这些数据文件分门别类地建立文件夹进行管理，这对于开始一个项目很有帮助。

关于一些有用的工具、按钮等，我们通过一个具体项目实例练习来熟悉它们。首先，创建一个含有表示太阳、地球、月亮球体的场景。为了在场景中安排这些物体，我们在这个场景中将编辑转换节点中的属性，然后将用层次将它们组合起来并动画它们。接下来我们将为这些物体创建材质，最后打上灯光并渲染它们。

这个练习是为了让初学者练习使用界面，不要在关键帧动画或材质上面纠缠，关注一般的概念更重要，如各种元素位于何处、怎样使用它们。

在这里需要掌握的操作有：①怎样使用 3D 场景；②怎样创建项目以及管理文件；③怎样使用工作空间窗口；④怎样利用界面内容开展工作；⑤怎样用转换操作器来编辑对象的转换属性。

2.4.1　建立一个项目

（1）在 Maya 中，选择 File → Project window → New。

（2）输入项目名称 p_ch02。注意项目名称不是场景文件名称，而是含有子目录的目录名称。

（3）设定存储 Maya 项目的位置。直接输入路径名或点击位置最右侧的文件夹图标按钮找到想保存项目的文件夹。默认的路径是在用户目录下的 Maya 目录里。

（4）接受窗口中各种子文件夹默认名称。

（5）点击接受按钮创建一个项目。

在开始一个新的项目时，创建一个项目文件夹是很好的习惯，这样能使项目组成部分完整紧凑。

2.4.2　创建并放置几何体

（1）选择 Create → Nurbs Primitives → Sphere。在窗口中点击并拖动鼠标，此时不必在意它的位置，因为后面我们可以进行精确的调整。

（2）现在这个物体名称为 NurbsSphere1。为了更好地组织场景，可将其重命名。在 Maya 窗口的右边可以找到 Channel Box，里面第一行是 NurbsSphere1，将其改为 sun，Maya 也会自动将形状节点更新为 sunShape。

（3）把太阳放到场景原点，就像真实世界中太阳在太阳系的中心。在 Translate X、Translate Y、Translate Z 中输入 0。

（4）当拖动物体，其位置是由物体的转换节点决定的。然而在这样的情况下，缩放是形状节点的一个输入节点。在半径属性里输入 3。

2.4.3　使用 Hypergraph 窗口

Hypergraphy 视窗可以显示 Maya 场景中所有的节点并表明它们彼此之间的关系，这样，除了 Channel Box 外，编辑节点有更多的选择。

正如第 1 章提到的，节点之间有两种不同的关系。第一，依赖关系，它们属性是连接起来的；第二，层级关系，是 Transform 节点相互设为父子关系，如图 2-18 所示。

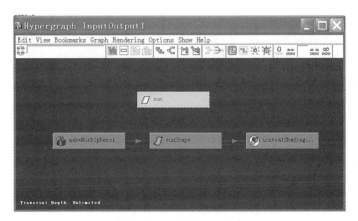

图 2-18　Hypergraph 窗口

（1）要打开 Hypergraph，可以选择 Window → General Editors → Hypergraph Connections 或 Hypergraph Hierarchy。

（2）在 Hypergraph 窗口试着点击不同的节点，注意 Channel Box 内容也会随着选择节点属性的变化而变化。

（3）因为没有必要改变 sun，所以可以删除 sun 的历史。这将摆脱 sunShape 节点依赖的一切节点。在 sun 节点选择的情况下，选择 Edit → Delete By Type → History，可以发现 makeNurbsSphere1 节点在 Channel Box 中消失了，在 Hypergraph 窗口也消失了，sunShape 节点没有依赖对象了。现在可以关掉 Hypergraph 窗口。

现在创建地球和月亮，参照上述步骤，创建另外两个球体。但是不用对 makeNurbsSphere1 做修改，依次可以复制 sun，然后移动、放大并修改名称。

（4）为了复制 sun，首先选择它，然后选择 Edit → Duplicate（也可以按快捷键 Ctrl+D）。

（5）在 Tool Box 中选择移动。可以看到在视窗中出现移动操作符，点击并拖动红色操作箭头将在 X 方向上移动球体。

（6）确定复制的球还在选择状态，在 Channel Box 中将其改名为 earth。同样继续这个过程，将复制的球体命名为 moon。

（7）为了更精确地放置并缩放物体，可以将工作空间切换成四个视窗。

2.4.4　使用四视窗布局

保持光标在透视窗口中，按空格键，工作空间将变换成四窗口布局，分别是顶视图、透视图、前视图和侧视图。

我们可能工作在有几十或几百个物体的场景中，每次调整视角，拉近或集中一个或多个对象时，用翻动、推拉、移动摄像机会很麻烦。所以可以用快捷键来关注所选的一个对象或组，所关注的对象将适合视窗的边界大小，也会将摄像机的中心视点放到所选择对象的中心。这对在透视窗口中选择翻动工具特别有用，因为这个工具将以这个中心环绕摄像机。相关功能的快捷键如表 2-5 所示。

表 2-5　摄像机快捷键

快捷键	功　　能
F	在所选择的窗口集中显示所选择物体
Shift+F	在所有窗口集中显示所选择的物体
Shift+A	在所有窗口显示所有物体

（1）在透视窗口中，点击选择一个球体，按住 Shift 点击另外的球体，将它们都加到选择集合中。

（2）按 F 键，集中显示球体，三个球体将缩放到最近摄像机的位置。

（3）试着翻动摄像机，按住 Alt 键并用鼠标中键拖动，我们会注意到摄像机的轨道是以三个球的中心为中心的，而不是以场景的原点为中心的。

2.4.5　显示选项

到目前为止，这些物体都是以线框架模式显示的，我们可以通过改变显示选项来改变显示在窗口的几何体的显示方式。这些选项可以通过视窗中菜单 View 进入，也可以通过快捷键进入，快捷键如表 2-6 所示，表 2-7 则是部分工具的操作快捷键。

<table>
<tr><td colspan="2" align="center">表 2-6　显示模式快捷键</td><td colspan="2" align="center">表 2-7　快捷键工具</td></tr>
<tr><td>快捷键</td><td align="center">模　式</td><td>快捷键</td><td align="center">工　具</td></tr>
<tr><td>1</td><td align="center">粗糙显示</td><td>Q</td><td align="center">选择工具</td></tr>
<tr><td>2</td><td align="center">中级分辨率显示</td><td>W</td><td align="center">移动工具</td></tr>
<tr><td>3</td><td align="center">精细显示</td><td>E</td><td align="center">旋转工具</td></tr>
<tr><td>4</td><td align="center">线框显示</td><td>R</td><td align="center">缩放工具</td></tr>
<tr><td>5</td><td align="center">光滑阴影模式，默认光源</td><td>T</td><td align="center">操作器工具</td></tr>
<tr><td>6</td><td align="center">具有硬件纹理，默认光源光滑阴影模式</td><td>Y</td><td align="center">上次所用工具</td></tr>
<tr><td rowspan="2">7</td><td align="center">具有光滑阴影、硬件纹理，如果设置了灯光，</td><td>X</td><td align="center">锁定到栅格</td></tr>
<tr><td align="center">可显示硬件光照效果，否则场景为黑色</td><td>V</td><td align="center">锁定到点</td></tr>
</table>

这些选项也能让我们看到几何体显示不同的级别的细节。NURBS 和 subdivision 这两种类型的物体在 Maya 中是通过数学算法表示的表面。虽然后文会讲述几何体的类型，但现在应该意识到表面的这些类型能以不同级别的细节显示。例如，若场景中有非常多的物体并都以最精细的级别显示，操作摄像机或一些物体时，电脑将渲染整个场景而使电脑的性能变得很慢。

2.4.6　变换物体

在变换物体时，一定要注意透视和空间。在变换太阳、地球和月球的大小时，一定要注意它们之间的距离。

为了更快地移动，可以用快捷键。

（1）为了在场景中放置 3 个行星物体，可以选择顶部视图，选择地球物体并按 W 键激活移动工具。

（2）将这个物体放到 X=10 处，也可以打开栅格锁定。

（3）栅格锁定打开后，回到顶视图，移动物体，很容易将其固定在 Z 轴上移动。

（4）现在缩放地球，让它比太阳更小。在 makeNurbSphere1 节点中可以编辑半径，不过如果删除了历史，节点也就不再存在了。我们可以用地球的转换节点来缩放，在 Channel Box 中将 Scale X、Y、Z 设为 0.3。

（5）太阳和地球放置好后，就可以把注意力放到月球上了。用上面讨论过的技巧在 Chnannel Box 编辑缩放。把月球放到 X=12 处，大小缩放为 0.08。

（6）既然初始位置、方向以及缩放都已决定，现在就可以冻结转换参数了。选择所有物体，执行 Modify → Freeze Transformations。执行冻结指令后，移动和旋转为 0，缩放为 1，这样一来，当错误放置物体时，可以很容易恢复到初始状态。

2.4.7　创建层级

物体位置和大小都设定好后，现在需要将其以层级建立组。太阳为根，地球为太阳的"孩子"，月亮为地球的"孩子"。为了监控这个层级关系，我们将在 Hypergraphy 中查看层级。不过这次不在 Window 菜单中打开浮动菜单，可以将四窗口布局中的一个窗口改为 Hypergraph。显示的 4 个窗口中都有 Panel 菜单，任何一个 Panel 都能设置成其他显示的窗口。

（1）选择侧视图并在 Panel 菜单条中选择 Panels → Hypergraphy Panel → Scene Hierarcy，Hypergraphy 将载入这个 Panel 并显示太阳、地球以及月亮转换节点。

（2）为了将地球设为太阳的"孩子"，可以用鼠标中键拖动地球节点到太阳节点上。需要注意的是，当这两个节点有条线连接起来时，这说明它们已经建立层级关系。

（3）现在用不同的技巧将月球连接到地球。在顶视图中选择月球，按住 Shift 键，再点击地球。

（4）在月球、地球顺序选择的情况下，按 P 键。如果在 Hypergraph 中观察，将看到月球现在是地球的子物体。

2.4.8　创建一个组节点

这些物体以正确的层级被安排后，为了能正确地进行动画，还需要做些事情。我们知道地球以自己的旋转轴旋转一周做自转，用目前的设置，我们可以正确地动画它，如果选择地球并旋转，它将在它自己位于球心的旋转轴上旋转。我们也需要考虑到地球环绕太阳的轨道，所以在这样的情况下，需要地球绕太阳的轴，现在地球已经使用了自己的轴作为自转轴，就不可能再在轨道运动中使用它了。因此，我们需要在地球和太阳之间再创建一个轴，将此轴放到太阳中心。最容易的方法就是将地球本身设定为一个组，这将使地球成为一个具有自己的轴的转换节点的"孩子"。

一个组节点很简单，它没有形状物体，仅仅只有转换节点。通常将物体组合起来是为了很好地组织它们，也就是将相似的物体组合到一起。但在这里我们用组合的目的是为了得到更多的轴转换节点，从而能完成地球绕太阳运动。

（1）在顶视图中选择地球并在 Edit 中选择 Group。这将创建一个名为 group1 并为地球父物体的组节点。默认状态下组的轴点总是位于场景的原点，这正是我们需要的，因为原点正好是太阳的中心点。

（2）在 group1 节点选择的状态下，选择旋转工具并绕着其轴旋转，我们可以发现地球和月亮都绕太阳旋转。

（3）在 Channel Box 中将组的名称改为 earthOrbit。

（4）月球并不会自转，它是绕地球旋转。因此，需要将月球的变换节点轴点定位在地球中心点。按 W 键选择移动工具，可以看到现在转换操作器位于月球的中心。

（5）按 Insert 键编辑轴点，这时其转换操作器外观也会发生变化。

（6）在状态栏打开栅格锁定，也可以通过按 X 键来激活栅格锁定。

（7）拖动轴点图标到地球中心点的栅格上。

（8）再按 Insert 键切换到移动模式。

现在完成了层级的设置，下一步我们将动画这些物体。

2.4.9 动画

我们将这些物体进行动画来模拟太阳系的行为。虽然不可能完全精确，但还是以一个月时间来模拟动画。这也就意味着地球将绕太阳旋转 30°（360°/12=30°），地球将自转 30 周。

默认状态 Maya 帧速率为 24 帧每秒。我们设定动画为 30 秒，那么就是

30×24=720 帧。

（1）在 Maya 窗口底部可以看到有一个范围滑条，将范围设为 720。

（2）现在用另外一个版面来设定工作区间，Outline → perspective 版面，它对动画十分有用。在工具盒选择 Outline → perspective。

2.4.10　Outliner

Outliner 是另一个显示场景所有对象的方式，所列出的对象与 Windows 操作系统的 Explorer 浏览文件目录类似。

（1）按住 Shift 并点击太阳左边的"+"图标，加号会变成减号。这将层级展开，可以看到它所有的子物体。

（2）点击并拖动选择所有太阳层级对象。将时间滑条定位到 1，然后执行 Animation 模块中的 Set Key 指令。这将场景中所有选定的对象在帧 1 位置设定关键帧。

（3）移动时间滑条到 720，也可以在当前帧中输入 720。

（4）在 Outliner 中选择 earthOrbit，然后在 Channel Box 中将 Rotate Y 设为 30。

（5）再次选定执行 Set Key 设定位置的关键帧。

（6）在 Outliner 选择地球并将其绕 Y 轴旋转 10800°（360°×30）。

（7）代替选择模块 Animation 中执行 Set Key，可以选择 Channel Box 中的 Rotate Y（确定目前选定的是属性名字而不是其值），右键点击其属性，选择 Key Selected。这样这个属性将被设为关键帧。只将选定的属性设为关键帧，这样会更有效地设定关键帧。月球绕地球的旋转，也可以用同样的方法计算出来。

（8）点击播放按钮，将播放动画。

2.4.11　Shading 对象

材质给一个物体以 Shading 性质。换言之，一个物体的材质能控制物体的色彩、光亮度以及如何反射等。在这部分，我们将创建一些新的材质，然后编辑材质从而改变它们的色彩。先介绍两个新的界面：Hypershade 和 Attribute 编辑器。

2.4.12　Hypershade窗口

Hypershade 是一个为场景创建和编辑各类材质的地方。可以通过选择 Window → Rendering Editors → Hypershade 打开 Hypershade。默认状态 Hypershade 窗口包含三个主要部分，创建 Render Node 菜单、上部 Tab 以及下部分 Tab 区。

在创建 Render Node 菜单，可以浏览和创建各种类型的材质、纹理、灯光、摄像机和一些应用工具。默认状态下场景中的物体采用 lambert 材质，除非创建并赋予新的材质。

下方区域为工作区和 Shader 库。在工作区可看到所选择材质所有连接，这和 Hypershade 窗口相似，只不过它们用一些称为样本的图标来表示节点。在 Shader 库可以浏览一些预先准备的材质和纹理。

现在建三个新的材质。如果已经打开 Hypershade，应将其关掉，代替浮动的 Hypershade 窗口。将工作空间改为两个面板：一个显示透视窗口；一个显示 Hypershade 窗口。

（1）在工具盒里，点击 Hypershade → Perspective 按钮。

（2）在 Hypershade 窗口中，从 Create Render Node 菜单中点击 lambert，一个新的 lambert 材质就创建了。

（3）选择材质，在 Channel Box 中重新将其命名为 msun。

（4）双击 msun 材质节点，将会自动进入属性编辑器。

2.4.13　Attribute Editor

Attribute Editor 显示所选择的所有相连接的节点以及材质属性，每个 Tab 表示一个节点以及其属性。

Attribute Editor 最好的一个方面是包含滑条，而不只是文本输入栏。所以能看到变化的效果。然而由于它显示了每个节点所有可用的属性，这可能包含很多我们并不需要的信息。不过对于材质编辑，还是使用 Attribute Editor 较好。

（1）在材质属性中，找到 Color 属性。点击灰色样本进入色彩选择器。

（2）点击并在色轮中拖动，选择橙黄色，选择接受。

（3）为了将材质赋予太阳物体，在材质上按鼠标中键将其拖动到透视视窗中的物体太阳上。

（4）现在以同样的方法将色彩加到其他两个物体上，使地球为蓝色，月亮为灰色。

（5）要使得太阳显得更闪耀，需要对材质 msun 做更多的编辑工作。可以编辑 msun 的 Incandescence 属性，改其属性色彩为亮黄色。

2.4.14　灯光

到目前为止，场景主要是由默认灯光照亮的，默认灯光总是被放到摄像机正上方。默认灯光只是为了快速渲染场景，并不用于最终的光源。

对于本场景，选择加上一个点光源并将其放到场景原点。点光源会照亮各个方向，由于是模拟太阳光，所以点光源是最好的选择。

（1）选择 Create → Lights → Point Light。一个灯光图标出现在场景原点，但因为场景是以 Shade 模式显示，所以灯光在太阳里面看不到。

（2）为了看到实时灯光效果，按 7 打开灯光效果。

（3）选择 File → Save 保存场景文件，将其命名为 solarSystem。

2.4.15　渲染动画

最后一步是设置渲染参数来渲染动画。设置渲染的主窗口是 Render Setting Windows。在调用 Batch Render 命令前，只需要稍做修改。

（1）选择 Windows → Rendering Editors → Render Settings，打开渲染设置窗口，也可以从状态栏中点击 Render Setting 按钮。

（2）在 Render Settings 窗口，文件数出栏，点击 Frame>Animation Ext 箭头打开下拉菜单并选择 name_#.ext。

（3）建立动画结束帧为 720。

（4）点击 Maya Software 标签，向下找到 anti-aliasing quality，点击左边箭头打开。

（5）设质量为 Production Quality，点击 Close，关掉 Render Setting 窗口。

（6）按 F5 改变渲染菜单集。选择 Render → Batch Render。

用户可以监视渲染的过程，Maya 会显示每帧完成的百分比，以及所保存文件的路径。

通过以上讲解，我们应该对 Maya 界面和制作简单动画有大致的了解了。虽然没有展示所有的内容，但我们应该对选择节点、编辑属性、改变工作空间的版面、使用快捷键以及从 Window 菜单进入各种窗口有初步认识了。

第 3 章
建模前的准备

3.1　数字建模工具

当大多普通建模师考虑工具时候，基本都停留在字面上，如考虑的是边的斜切、挤出等工具。一般专业的数字建模师会将工具分成 3 种，也就是参考、观察、问题解决。用这 3 种工具可以将建模质量从爱好者标准提升到专业标准。

3.1.1　参考

建模首先要仔细观察细节，与其相结合的参考材料就是项目成功的关键。专业的建模师会使用任何能获得的高质量资源，使用参考会让自己所做的工作更容易。仅凭记忆来建立自己的作品，往往会使作品陷入平庸，所以千万不要让它成为你错误记忆的牺牲品。如图 3-1 中的灯头，注意灯头中的螺纹丝和凹陷下去的区域，如果没有好的参考，就没有很好的方法来制作这些精细的微小细节，而往往会将这些细节忽略，所以第一个建模项目通常用一个现实中的物品作为参照对象。为了使所做的模型看上去更逼真，就需要参照真的参考资料。

图 3-1　灯头照片

重要的是不断地参照资料，这样将不会丢掉你想创建的东西。专业的建模师会在每个工作的项目中使用参考资料，这包含写实作品。即使是卡通风格的建模，也离不开使用参考对象。例如，图 3-2 中的卡通蜗牛也要收集大量的真实照片甚至是实物（图 3-3），然后将所观察到的额外细节添加到角色上，会使角色更具有个性化。

图 3-2　卡通蜗牛模型　　　　　　　　　　图 3-3　蜗牛实物

在制作一些抽象或者完全来自想象的东西时，以现实中的对象作为参照物，也是一种好方法。当然制作写实风格的作品时要注意细节，但也不能完全被它们所束缚。

3.1.2　观察

仅仅收集参考资料是不够的，需要增加观察技巧，这样才能更好地学习和比较，在模仿参照物的基础上创新。不要复制物体，因为世界上没有两个完全一样的东西。

观察是继续学习的过程，这个过程不应该被省略。在数字建模中，模型成为一个"问题"，我们可以用观察的技巧找到一个解决问题的方案。在一些 3D 社区论坛上有许多低级的模型，原因就在于建模师没有真正理解问题是什么就完成了模型。

在打开三维软件前，你需要想想自己要建的模型并且完全理解它，并就要要建的模型要给自己提出问题，然后为解决这些问题提出方案。

你可能会问的一些问题，其中包括：

对象的尺寸是多少？

物体由什么材质构成（木头、金属、有机生物）？

物体的表面看起来是什么样子（粗糙、光滑、黏稠）？

物体是否由子物体构成？

是否有裂纹或者龟裂？

物体表面与光如何作用？

是有机体还是硬边形状？

部件在什么地方相接或重叠？

有隐藏的角落吗？

物体的体积是多少？

物体是否已经破损或老旧？

物体对不对称？

物体的质量是多少，是气球还是巨石？

它与环境有什么关联？

物体在引力下行为是怎样的？

物体是天然的还是人造的？

为了建立角色模型，应该知道的是角色的名字、年龄、从哪里来、性格内向或外向等。学会观察要做的对象，能使你成为更好的数字建模师，这也是专业水准的要求。

3.1.3 解决问题

参考和观察是决定采用什么工具和技术来建模的重要依据。数字建模是一个简单的解决视觉问题的过程，也是采用从头到尾能看到模型的一种策略的艺术。

3.2 视觉化

想让数字建模更快和有效，一个很重要的方法就是视觉化，这就意味着在完成实际事件之前，要在你脑海里想象其过程。就像专业运动员会想象完美地晃过防守队员，看到篮球落入篮筐。

这听起来似乎是在浪费时间，但事实并非如此。它简单有效并且是一个很好的解决问题的技巧。视觉化另外一个好处就是可以整天磨炼你的技能，即使你并不在电脑旁边。在建模之前，找一个远离电脑的安静的地方，花些时间去视觉化你要建模的结构。当视觉化的时候，应尽可能具体和详细。想象你已经准备好工作空间，打开了软件，想象创建了第一个元素一直到最后。旋转模型好好看看创建的元素是否与你的参考物体一样逼真。你有越具体的细节，实际建模中就越平静和自信。视觉化是你建模的蓝图,这个预先计划将让你更能有效地利用时间。另外一个增进解决问题能力的方法就是看看周围的环境,选择任何一个物体,用观察技术想象如何用 3D 建模技术把它做出来,用大脑和想象去练习,这样将加快你解决挑战的速度。

最后一个忠告就是练习、练习、再练习,这个忠告对于所有艺术形式都一样受用。虽然是老话,但却是真理。

准备好了需要的参考资料,下一步就是尽可能多地去收集优质素材。专业人士在哪里获得他们的资料呢? 以下介绍一些常见的资料获取途径。

3.2.1　实体参考

最好的参考资料就是日常生活中的常见物品。如果想建一个真实的灯泡的模型,可以拿一个自家或者办公室的灯供参考。

3.2.2　数码相机

数码相机和手机经过多年的发展,其功能和摄像质量也越来越好。大多数建模艺术家都有摄影的爱好,在渲染的时候,也能知道摄像机如何工作,以及哪些性能不可忽略。

3.2.3　卷尺

卷尺有时比相机获取的信息还重要。如果建模要尽可能精确,卷尺是不可取代的工具,它也可以测量照片中物体的尺寸。

3.2.4　速写本

可以用速写本记下用尺量下的数据,物体具有的边数、物体材质类型、物体新旧程度等,还可以大致画出参考物体的草图。

3.3　数字建模方式

在数字建模领域里没有任何两个建模师会用完全一样的技术创建模型,即使他们创建的模型完全一样,参考材料也完全一样。这说明并没有固定的工作模式。建模师可以用得心应手的任何方式来建模。初次使用三维软件时候,通常都是从基本几何体开始的，如立方体、球体等，用这些基本物体可以创建任何模型。但笔者也曾想，可能会有更好的方法来做一些有机生物，因此也探索一些建模方式，最终发现用立方体方式建模是非常有效的。在建模过程中，我们会遇到大大小小的挑战。锁定一种特定方式工作当然很容易，然而限制自己的工具包是以降低建模效率为代价的。我们绝不能觉得已经发挥到自己的最大潜能了，而应该尽可能地用更宽广的建模技巧武装自己。

3.3.1　增建

这种方法较为传统，目前也广泛应用在行业内。这种技术开始通常是建立一定细节的多边形，完成一部分后，再进行另外一部分的建模，直到完全完成。

对于很多人来说，这是一种较容易掌握的方法，无论对制作卡通风格模型还是写实风格模型来说，无论对新手还是经验丰富者来说，这都是非常好的方法。最常见的建模任务就是用这种方法完成写实的头部建模和重新进行拓扑结构的过程，使用已经存在大量多边形的网格结构来进行建模，如 ZBrush 和 Mudbox。

1. 逐点法

顾名思义，逐点法是从确定形状的一些点开始的，然后通过这些点来创建多边形。有些建模师用这种方法来创建所有的低精度游戏模型。逐点法是创建自定义 3D 字体的最快方式，如图 3-4 所示。

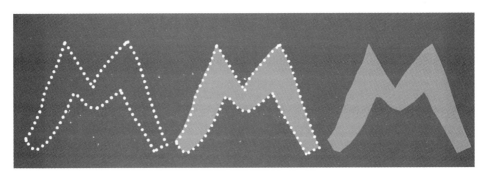

图 3-4　通过逐点法来创建多边形是最早的数字建模方式

2. 边延伸法

边缘扩展方法（边延伸法）建模通常始于创建一个逐点法形成或者一个基本几

何体形成的多边形面。一旦平面多边形创建后，就可以选择边进行扩展，产生新的多边形，这样不断重复这个过程直到完全建立好模型。数字建模者可以用这种方法创建任何物体，如武器、车辆等，此方法也常用于头部建模。图 3-5 就是通过对一个四边形进行边延伸而创建了靴子上的花纹。

图 3-5　用边延伸法做的靴子上的花纹

3.3.2　基本几何体建模

基本几何建模，简单来说，就是先对一些基本几何形状（如球体、立方体、圆柱体等）进行组合（图 3-6），然后进行修改从而达到最终的结果，如图 3-7 所示。

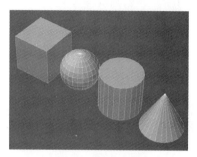

图 3-6　基本几何体

图 3-7　由基本几何体创建的模型

所有 3D 软件都会提供一些功能或广泛的工具来操作和组合这些基本几何体，这种方法在数字建模中应用非常普遍。一般使用基本几何体来开始建模，如桌子、键盘以及监视器都能通过立方体来开始创建。虽然笔者常常会想，除了用这些基本几何体来开始建模外还有些什么方法，但从基本几何体开始建模的方法在多边形建模中的确占有重要地位。

3.3.3　箱形建模

箱形建模技术可以说开始是基本几何体建模，因为它第一步就是从立方体开始的，箱形建模的名称也由此而来。不同于一些由多个基本几何体组合成的最终模型，箱形建模是从单一基本几何体开始，然后不断进行"增长"更多额外的多边形，一直到创建一个无缝的网格模型。这些额外的多边形几何形状可以由延伸、斜切等手段来帮助塑造模型形状。虽然在箱形建模时并不要求使用细分表面，但二者通常是相互协调的。箱形建模主要通过一个基本简单网格体来创建复杂光滑的物体，是十分快捷的方式。建模者用箱形建模作为快速创建低模多边形的基本型的方式，然后再施加细分进行光滑处理，这样可以用原始多边形来控制整体形状。

　　虽然有些建模师用这种方法创建从武器到车辆等一切模型，但箱形建模最常见的还是用于创建有机模型。图3-8表现的就是皮克斯动画片 *Partly Cloudy* 中的两个模型，它们就是用箱形建模方法完成的。护肩是从几个立方体开始做的，头盔则是从球体开始做的。

　　图3-9是一个采用箱形建模方式的卡通角色的头部建模，开始都是用一个立方体，尽可能用较少的面，直到需要时才增加额外的几何形状。

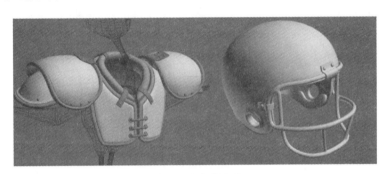

图3-8　皮克斯角色

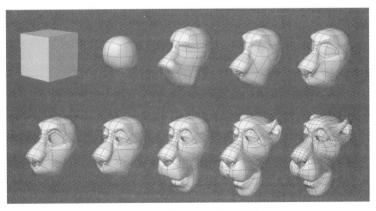

图3-9　从立方体开始的角色建模过程

3.3.4 面片建模

无论是用 NURBS 还是用来自曲线产生的多边形面，面片建模的过程都是相同的。用曲线可以创建一个物体表面轮廓的线笼。这些曲线相交所产生的曲面通常称为面片。这些面片是受组成曲线的点来控制的，它们通常被称为控制点。当多个面片相结合后，可以用最少的曲线创建复杂的有机形态。图 3-10 是 NURBS 定义的瓶子表面的例子。

NURBS 面片建模通常用在计算机辅助设计与制造中。最好的车辆建模者用曲线面片建模（图 3-11），效果非常好。数字建模师通常用面片建模方式创建角色、衣服、蝙蝠的飞翼或者船帆等。

图 3-10　简单曲线集合形成的瓶子

图 3-11　用面片建模方式建汽车模型

3.3.5 数字雕塑建模

尽管所有数字建模在某种程度上来说都可以被称为数字雕塑，但由于数字雕塑方式更接近于传统雕塑方法而在数字建模中被重新定义。随着计算机计算能力和内存的迅速发展，数字建模师能用一个以笔刷为基础并具有使用数百万个面的能力的系统来操作一个基本的网格模型，而达到创建照片级的具有极高细节的模型。基本网格模型可以是一个简单球体，也可以是任意数量多边形的模型，而用其他方式是不容易建成这种极为精细的模型的，如图 3-12 所示。

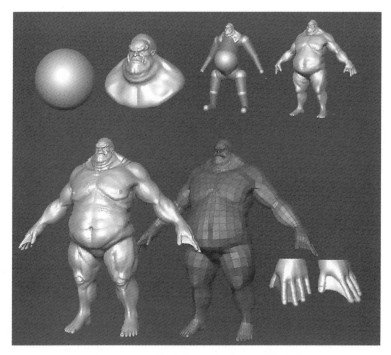

图 3-12   由球体雕塑的具有精细细节的角色

以往数字雕塑建模主要用于有机体的建模，随着技术的不断改进，数字建模师能轻易用这种方式创建各种模型，包括硬表面模型。除了较容易实现高级别的细节能力外，数字雕塑方式如此吸引人的原因之一就是使用起来较为自由。进行数字雕塑的时候不必考虑多边形的布局，数字建模师只需要将精力集中在造型上，而不必考虑几何分布。这种方法在 3D 行业中非常流行，甚至在玩具行业中会代替传统的雕塑，而且已经完全改变了游戏行业。通过法线（normal）贴图，高模成为低模材质来源，从而加强用于实时游戏中的模型低模效果。为了"伪造"光线在表面上形成凹凸感，使用包含高分辨率模型数据的像素贴图方式，这样能使低分辨率游戏模型显示出雕刻出来的高分辨率模型的细节，如图 3-13 所示。

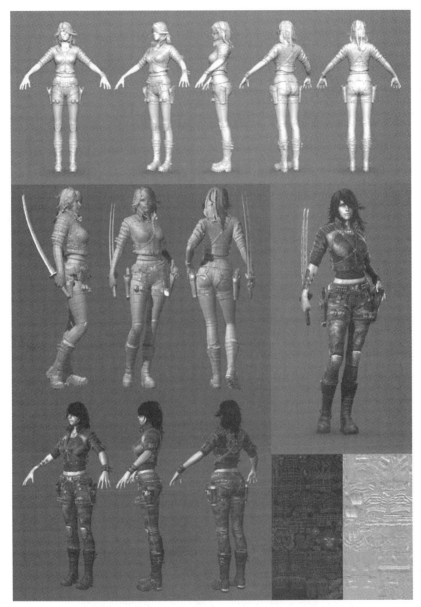

图 3-13 数字雕塑的高模细节（上）、通过法线贴图（右下）、映射到低模（中）
上图是由 Jon Troy Nickel 创建的次时代游戏模型

3.3.6 三维扫描

三维扫描是从真实世界中的物体获取表面数据，这些记录的信息转换为一个通常具有数百万点信息的数字网格模型，与 2D 扫描或者相机照相一样。所有传统雕塑、整体建筑物甚至园林都能被扫描，这种技术广泛用于医学可视化、电影、游戏、工业设计等。

三维扫描仪小到桌面型，大到能扫描人体，现在有各式各样的包含色彩信息的全身整体彩色扫描仪。现在的扫描仪主要分为两大类，接触式和非接触式。

接触式扫描仪要求扫描仪和扫描对象有一个物理上的接触，图3-14是一个接触式扫描的例子。

接触式三维扫描仪的一个好处就是能从任何材质的物体上获取表面数据。例如，获取一辆汽车的尺寸，只需简单地用机械臂上的尖头沿着汽车表面追踪就可以了。机械臂上的每个关节的传感

图 3-14　汽车的表面数据通过操作机械臂获取

器都是用来计算尖头部位的三维空间位置的。记录这些信息，然后将其转换成点数据并通过三维软件进行处理，这样三维网格模型就显示在电脑屏幕上了。三维模型可以用自己喜欢的任何建模工具进行操作。

非接触式扫描仪也称为主动式扫描仪，通过发射光线、X射线或者超声波等来捕获要扫描物体对象的表面数据。从扫描仪发射的光或者射线会被要扫描的物体反射回来，记录下表面的距离。虽然非接触式扫描仪比接触式扫描仪更普遍，但非接触式扫描仪有一个很大的限制，就是对于透明或反射不好的对象难以适用。对此，可以通过给对象喷涂白色或浅灰色粉末来解决这个问题，当扫描完成后，很容易将这种白色粉末清除掉，如图3-15所示。

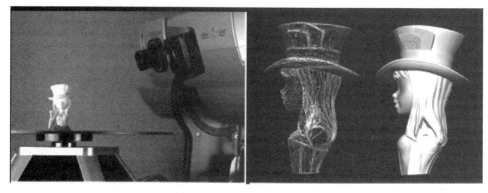

图 3-15　非接触式三维扫描

3.3.7　用纹理和动画工具建模

许多具有建模能力的三维软件也有完成其他领域工作的能力。我们可以利用纹理和动画工具帮助其进行建模。这样的工具非常多，其中较为流行的有纹理位移置换、骨骼、动力学等。

1. 纹理位移置换

通过使用图像或者程序纹理来驱动网格位移这种方法是非常有用的一种建模手段，它能用很少的时间创建具有大量细节的几何形状，如图 3-16 所示。

图 3-16　用不同纹理产生的位移效果

当建模师用纹理对物体表面进行位移置换操作时，它容许动画师做动画时用低分辨率模型，而在渲染时则加入位移置换以增加物体多边形密度，这样也能使动画师调动画的工作效率更高。

2. 骨骼

动画一个无缝三维模型的标准方法就是使用骨骼绑定。相互连接的骨骼层次结构被分配给网格模型并使其变形，这种变形取决于骨骼的位置、比例以及方向。虽然骨骼是在动画中为绑定模型所设置的，但用骨骼在建模中能加快完成一些复杂的任务，如一些截面较为复杂的管状物，图 3-17 是一个用骨骼绑定过的塑料软管，用来适应肩部造型。如果用传统方法来调整位置，则会花费更多时间。

3. 动力学

在三维软件中，动力学是泛指任何以物理学为依据的模拟，这种模拟能让我们做出使虚拟物体具有真实世界中物理运动的动画。它能做出柔软变形，如头发、衣料；也能做出刚体模拟，如玻璃破碎，或者建筑物的崩塌。数字建模师能用这些强有力的模拟来帮助建模，如可以用一个平面，将此平面模拟下落并覆盖到桌面上，从而制作一块桌布。这样能很好地产生布料所形成的褶皱，而用传统建模方式则费时而且困难。

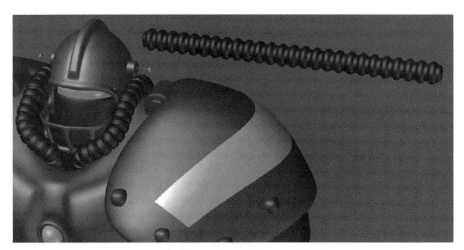

图 3-17　用骨骼绑定的橡皮软管很容易适合肩部的造型

3.3.8　混合方式的重要性

不要将自己局限在几种建模方式中，精通的技术越多，工作效率也就会越高。往工具包里增加新的方法，不仅可以增强解决问题的能力，也能使已经掌握的技巧更加熟练。这些建模技术彼此之间并不是相互排斥的，相反它们可以互补。当开始一个建模项目时，没有必要只用一种方法来完成整个建模过程。当你有好几种得心应手的方法的时候，可以选择效率最高的方法制作整个模型或模型的一部分。

第 4 章
多边形建模

4.1　多边形建模基础

4.1.1　什么是多边形

多边形的英文为 polygon，在建模中，Polygon 就是一个在三维空间中由三个或更多具有 X、Y、Z 坐标点的三维数学概念，这些点不仅仅有位置坐标值，也以特殊的次序相互关联着。这种次序决定着 Polygon 的朝向，这种朝向由 Polygon 的法线显示出来。Polygons 是最老的建模方法，有几十年的历史了。它差点被 NURBS 方式在有机体角色建模上代替，但最近几年越来越快的电脑性能使它重新焕发了活力。它曾经是 Maya 的最弱项，现在 Polygon 工具发展得极其强大，成为 Maya 建模的一种有效的方法，几乎能实现用户的任何想象。

Polygons 是 3D 建模的基本元素，是 3D 模型能渲染的最小单元。像原子可分为一些基本粒子一样，Polygon 也可以分解为更小的成分。最基本的一个 Polygon 可以是由三个点定义的三角形面。任何渲染的 3D 模型都是由 Polygon 组成的，即使用 NURBS 或 Subdivision 面构成的也一样。

4.1.2　Polygon解析

Polygon 物体有三个不同类型的成分：点（vertex）、边（edge）和面（face）。Polygon 的内部区域就是面，可以选择修改这些元素来改变 Polygon 的形状，如图 4-1 所示。

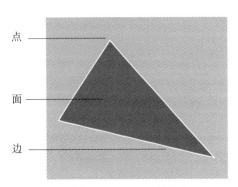

点

面

边

图 4-1　Polygon 的成分

（1）点是在空间中的一个点，是 Polygon 模型最基本的成分。编辑点的位置可以改变由点创建的面形状，每一个点都具有 X、Y、Z 坐标值。

（2）边是由两点连接成的 Polygon 成分。

（3）面是由三个边包围的最小单

位。虽然可以由任意数量的点创建面，但在渲染时面都会被划分为三角形。一个三角形面被称为 tri，四边形则称为 quad，具有更多边的面称为 n-gon。模型中连接起来的面称为 Polygon 面或 Polygonal Mesh。

（4）UV。三维模型中每一个点都能在 2D 空间中分配一个坐标。一旦分配了 UV，为了控制贴图在三维模型中的位置，它们就在 UV Texture Editor 中进行编辑。

（5）法线。每个 Polygon 面都有前和后面，面法线指出面朝前的方向。通过选择 mesh 并用 Display → Polygon → Face Normals 可以显示物体的法线。

4.1.3 选择和编辑Polygon成分

在 Maya 中，一个任务能用多种方法完成。通常情况下可以用两种不同的方法进入几何体的构成成分，一种是状态栏中的选择遮罩；另一种则是 Marking 菜单。

1. 使用选择遮罩选择构成成分

为了练习选择构成成分，开始一个新的 Maya 场景（File → New）并创建一个 Polygon 立方体（Create → Polygon Primitives → Cube），当选择一个变换工具（移动、旋转、缩放）在视窗中用操作器图标操作立方体，这些操作结果是对于整个立方体的，因为 Maya 目前是以物体模式编辑的。在场景中所有的集合物体都是由转换节点和形状节点构成父子层次，如果我们希望对物体形状节点进行编辑，则需要将物体模式转换为成分模式。这样做的一种方法就是遮罩选择，如图 4-2 所示。

图 4-2　选择遮罩

2. 用 Marking 菜单选择成分

Maya 拥有最强大的用户界面设计。如果仅仅从菜单栏中的下拉菜单来执行指令，这么大的一个程序必将花费很多时间。为了方便用户操作，Maya 工程师补充了 Marking 菜单。Marking 菜单是在工作空间点击键盘某键或鼠标出现的菜单。这种界面的优点是用户不必到处查找要使用的工具，可以始终关注自己要完成的任务。

用 Marking 菜单选择物体成分是最快的方法。在视窗中，将鼠标移到立方体上点击右键并按住，包含所有 Polygon 成分的 Marking 菜单出现就会在点击的地方，如图 4-3 所示。

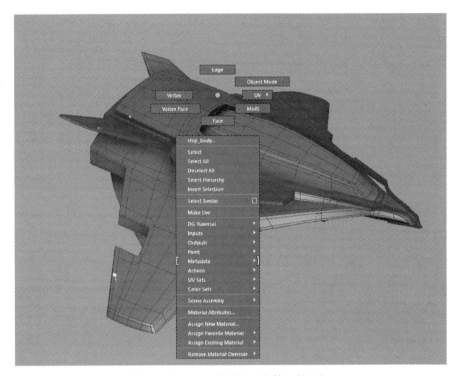

图 4-3　Marking 菜单进入物体组件选择

4.1.4　基本的Polygon物体

基本的 Polygon 三维物体包括球体、立方体、圆柱体、锥体、平面以及许多其他形体。它可以修改这些基本形体的属性，使这些形体更简单或者更复杂；也能分割、挤出、合并或者删除这些基本 Polygon 物体上的各种子元素，从而修改这些基本物体的形状。许多 3D 建模师都把这些基本物体作为所建模型的基本开始点。

独立的 Polygon 可以用 Create Polygon Tool 创建。这个工具可以让用户在场景中放置单个点来构成所需要的多边形面，也可以划分或挤出面从而产生增加的面。这种方法在需要匹配某些特殊形状活轮廓的时候非常有用。例如，如果需要为一个动画创建一个特殊的 3D 商标，可以通过输入 Image Plane 的参考图像，临摹 2D 影像的轮廓。选择 Modify 菜单下的 Convert，Polygons 能够转化为 NURBS 或 Subdivision 表面。

4.1.5 Polygon 法线

法线是垂直于一个 Polygon 面的理论上的直线。在 Maya 中，法线用来决定一个 Polygon 面的方向（面法线），或者是出现在面的边线，在着色的时候表现这些面彼此间的关系（点法线）。

1. 面法线

Polygon 面的前面是通过一个叫做面法线的矢量来表示的，用来决定一个 Polygon 面的方向，围绕面的点的顺序决定面的方向。因为 Polygon 技术上只能从前面看到，虽然 Maya 默认设置是自动让所有 Polygon 为双面，所以从背面也能看到，当然也可以关掉双面显示。当渲染这些多边形面时，法线决定光线如何从表面反射，从而计算出最后结果，如图 4-4 所示。

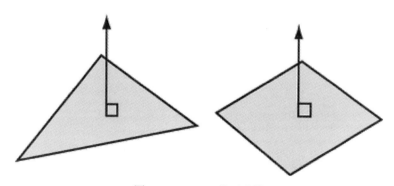

图 4-4　Polygon 的面法线

2. 点法线

点法线决定多边形面之间的光滑感觉。不同于面法线，它们不是多边形面固有的，而是反映出 Maya 以光滑模式渲染这些。点法线表现为从点投射出来的直线，与点相连的所有面都有一法线在此点上。当在某个点上的所有点法线都在同一个方向时，那么面之间边线转换处过渡会是平滑的，如图 4-5 所示。当点法线与它们各自的面方向相同时，面之间的过渡就比较硬，如图 4-6 所示。

有经验的人可能想手动调控点法线以创建出硬边（褶皱）的效果，而不需要增加额外的几何造型。手动控制点法线用命令 Normals → Vertex Normal Edit Tool。当 Polygon 的点法线通过手动编辑后，这些法线就被锁定或者冻结。将前面锁定的法线解锁后，Maya 会自动将法线调整到默认设置的与面相垂直的位置。

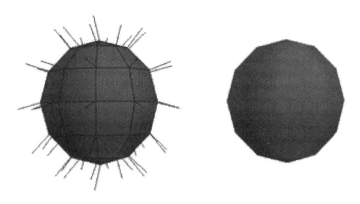

图 4-5　各个多边形的点法线具有相同方向

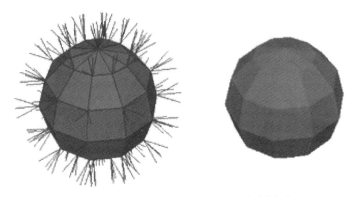

图 4-6　各个多边形的点法线具有不相同方向

用 Display → Polygons → Vertex Normals 显示点法线。

选择边然后选择 Normals → Lock Normals 或者 Normals → Unlock Normals 可以锁住或者解锁它们当前的方向。

选择边然后选择 Normals → Set Vertex Normal 建立所选择点发现的数值（通过输入某个数值）。用文本框输入 X、Y、Z 的旋转数值来确定法线。

选择边然后选择 Normals → Vertex Normal Edit Tool，强迫法线指向某个方向（通过调整操作器）。用操作器来调整法线方向。

1）建立点法线与面法线同方向

（1）按照 Vertex → Face 选择点或者面。

（2）选择 Normals → Set to Face。

（3）设置选项，然后点击 Set to Face。

这和调整边硬化的效果相同。

2）平均点法线

（1）按照 Vertex → Face 选择一个或者多个点或者面。

（2）选择 Normals → Average Normals → Set to Face。

（3）设置选项，然后点击 Average Normals。

3）反转 Polygon 法线

反转 Polygon 面，我们会发现其就是交换面的前后方向。点法线通常是按照面法线计算的，所以同样会被转换。

4.1.6　Polygon 建模的特点

（1）建模细节或分支建模更容易。因为 Polygon 建模是建立在独立面的连接上，所以可能让 Polygon 具有任意边数并允许相邻面有任意数量。这样可以创作出手指、头部等整体的模型，如图 4-7 所示。相比较面言，不可能用 NURBS 创建分支结构，而只能用多个面片调整它们之间的连续性来使之成为一个整体。这是一个非常耗时的工作，而 Polygon 建模则不存在这个问题。

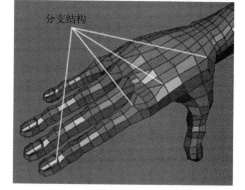

图 4-7　Polygon 适合手指的分支结构

（2）UV 纹理坐标可以编辑。

（3）容易完成硬边和角。

（4）工具简单。

（5）模型可以在不同软件中交换。

（6）光滑的 Polygon 物体数据会非常大。

（7）给光滑物体增加细节很困难。

4.1.7　避免建模中出现问题的方法

如果一个表面能展开成为一个平面，就把它描述为 Manifold。在 Maya 中，Polygon 有几种分布会产生 nonmanifold 现象。一种就是多于两个面共用一条边；另外一种就是相邻两面法线相反。如果发现模型存在 nonmanifold，可以用 Mesh → Cleanup 选项修正。但最常用的方法是不断仔细检查模型，并通过反转法线或删除面进行手工修复。

多边形建模中，我们应该遵循几个原则，这也许要多花点时间，但是能避免一些棘手的问题。这些原则总结如下：

（1）尽量保持 Polygon 面为四边形。因为它们很容易变形，也很好转换为其他类型曲面，并能"干净"地使用 Maya 编辑工具。

（2）避免 nonmanifold 几何体。

（3）如果必须的话，三角面也可以使用。

（4）不要用多于四边形的 Polygon。在渲染的时候，它们将不可避免地引起如纹理弯曲等问题，甚至导致渲染失败。

（5）保持模型干净，基于四边形的拓扑结构将会节省后续工作时间，图 4-8 示范了一些将 n 边形（n-gon）转换成四边形的一些方法。

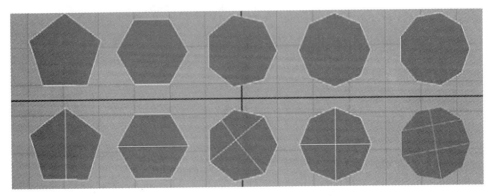

图 4-8　n 边形转换成四边形的一些方法

（6）将 Construction History 设置为开，这样便于事后用输入节点做一些很强的编辑。了解一个新的特征最快的方法就是调整输入节点的属性。

（7）经常删除历史。这样可以防止建模因一些不需要的节点计算而逐渐慢下来。

（8）如果需要，可以用 Maya 帮助。

（9）经常存储进度。如果犯了不可逆转的错误或者又不能用 Undo 撤回，则可以把最近一次的存档取出。

4.2 多边形建模的开始

在 Maya 操作和建模中，了解命令不等于可以灵活运用命令并制作出规范的模型，理论一定要与实践相结合。下面我们就一起动手制作一个多边形物体，在实战中巩固所了解的 Maya 建模指令。

如图 4-9 所示，灭火器是我们在日常生活中经常会看到的，也是游戏里经常出现的小道具，所以我们选择灭火器的游戏高模制作，来学习运用多边形建模中常用的挤出、放样、切割多边形等命令完成一个规范的高精度游戏模型（游戏模型里运用最广泛的建模方式就是多边形建模）。我们可以看到灭火器是由很多个部件组成的，下面就以先易后难的顺序来制作灭火器的高模。

图 4-9　手提式干粉灭火器

4.2.1　目的

在这个例子里，应该学会以下内容：

（1）在文件系统里建立项目目录。

（2）在 Channel Box 里编辑物体的性质。

（3）用移动、旋转和放大工具转换物体。

（4）用基本的 Polygon 建模工具和命令。

（5）用 Select Edge Loop 命令快速选择多项成分。

（6）复制物体。

（7）清洁组织场景。

4.2.2 建立项目目录和文件系统

（1）打开 Maya 选择 File → Project Window → New。

（2）在新项目窗口，点击名称栏并为项目命名，对于本例可以输入 flame _ arrester 点击窗口下的 Default 按钮，所有子目录都用默认名字。

（3）点击 Accept 按钮接受设置并关闭窗口。

（4）选择 File → Save，命名为 flame_01。

4.2.3 给模型拟出大纲

在绘画中，大部分艺术家都会先打底稿或勾勒轮廓。3D 建模也一样，我们先创建一个立方体，然后放大，找到最合适的比例并挤出主要结构。

我们在这里主要是通过练习来学习建模工具。在真实建模项目里，在建模之前应该搜索尽可能多的参考资料。

4.2.4 干粉瓶的制作

灭火器主体部分的干粉瓶看起来像一个圆柱体，所以我们选择用原始多边形中的圆柱体在场景中生成初始模型。执行 Create → Polygon Primitives → Cylinder 命令，如图 4-10 所示。

刚创建的圆柱体纵向的分段数过多，不符合后面编辑的要求，在 Maya 视图右侧的创建历史中调节 Subdivisions Axis（细分轴）的参数，将其调整为 12，如图 4-11 所示。

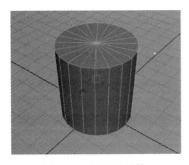
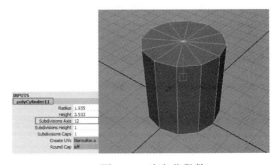

图 4-10　原始圆柱体　　　　　　　图 4-11　改变分段数

通过缩放来调整主体瓶身的基础造型比例，如图 4-12 所示。

　　根据主体瓶口部分的造型变化，应用 Insert Edge Loop Tool 命令，在相应的位置添加结构线，把基本的造型起伏位置确定下来，如图 4-13 所示。

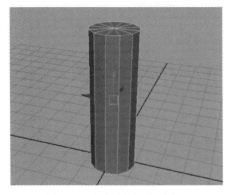
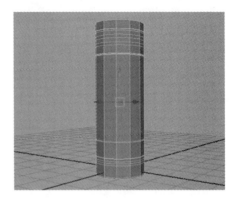

图 4-12　最初的造型比例　　　　　　　图 4-13　添加环线分割造型

　　划分好区域后，根据瓶口结构的粗细变化逐一执行 Select → Select Contiguous Edge 选择结构线，或者双击需要选择的循环边，再使用缩放工具调节结构环线的大小，如图 4-14 所示。

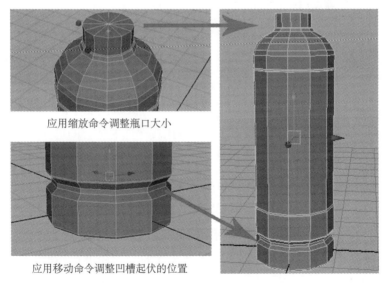

应用缩放命令调整瓶口大小

应用移动命令调整凹槽起伏的位置

图 4-14　调整干粉瓶外表面的凸凹造型

　　根据瓶底结构的凸凹关系，在模型上单击鼠标右键切换到 Face 级别，选择底部的面，在确保 Keep Faces Together 是勾选的状态下，执行 Extrude 命令，塑造瓶底结构，如图 4-15 所示。

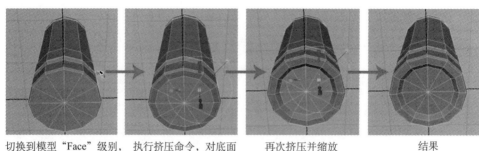

切换到模型 "Face" 级别，　　执行挤压命令，对底面　　再次挤压并缩放　　　　结果
选择底面　　　　　　　　进行缩放

图 4-15　调整干粉瓶底部的凸凹造型

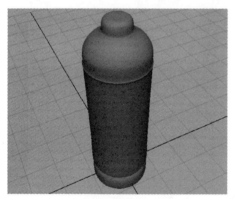

图 4-16　当前模型的圆滑效果

　　由于多边形的表面看起来不像曲面模型那么圆滑，特别是分段数很少的多边形更是如此，因此，很多游戏高模在完成结构的塑造后，要执行 Mesh → Smooth 命令对模型进行处理圆滑处理，效果如图 4-16 所示。

　　我们对瓶身进行圆滑处理后会发现，虽然模型结构起伏还在，但是看起来软绵绵的，没有金属那种坚硬的质感。这是因为对多边形模型进行圆滑后，原来尖锐的转折处会形成较大坡度的过渡，因此模型的细节也就损失了。在多边形中要解决这个问题就要对结构进行"卡线"，意思就是对多边形所有需要有比较严谨的转折的形体部分，通过在结构两侧以添加结构线的方式将形体卡住。具体制作过程如图 4-17 所示。

　　需要注意的是，卡完线后按键盘上的"3"，"3"的显示模式是对多边形模型进行圆滑之前的一个预览模式，我们可以一边"卡线"，一边切换到"3"的显示模式下预览"卡线"部分模型的圆滑情况，将模型形体调整到最佳状态。

　　瓶底由三角面组成，环形嵌入边工具无法对三角面进行环形卡线。我们在这里灵活应用一下挤出命令，选择瓶底的面，执行挤出命令，调整挤出缩放，生成一条结构线。这里的挤出命令不仅有塑造形体的作用，同时也起到了卡线的作用，如图 4-18 所示。

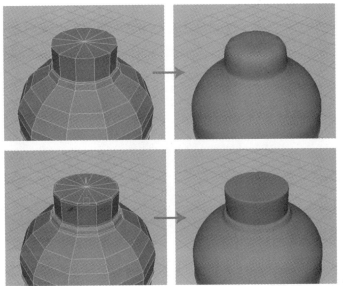

应用环形嵌入边工具对模型添加
结构线，即"卡线"

按"3"对模型的圆滑
效果进行预览

图 4-17　模型卡线前后效果对比

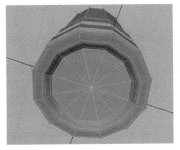
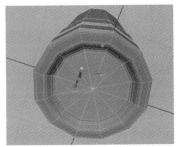

选择模型底面　　　　　　　对模型底面进行挤压缩放

图 4-18　三角面组成的瓶底的卡线方法

　　如前所述，灭火器瓶身模型应该在所有转折较锐利的地方添加结构线以塑造出更准确、逼真的造型，如图 4-19 所示。

　　需要注意的是，在用多边形建模的过程中，布线是很讲究的，除了"卡边"的线，其他的线都应该用来塑造模型的形体结构，如果有一些对模型结构不产生任何

图 4-19　最终卡线效果

影响的点或线，应该将其删除，如图 4-20 所示。

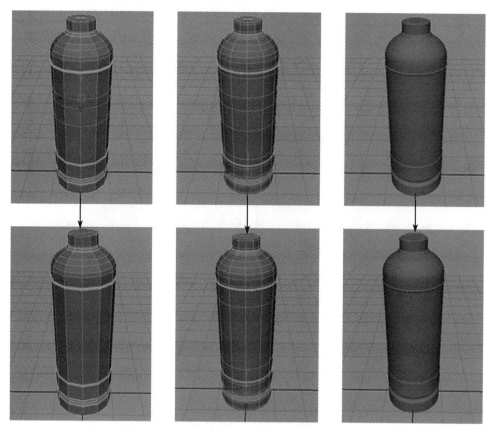

图 4-20　删除对模型结构不产生任何影响的点或线

4.2.5　仪表盘的制作

仪表盘制作方法和干粉瓶模型类似，在这里先讲解一下它的制作步骤。仪表盘的结构比较简单，整体结构也是用圆柱体来打底稿的。执行 Create → Polygon Primitives → Cylinder 命令，并在 Maya 视图右侧的创建历史中调节 Subdivisions Axis 的数值，也就是我们通常说的分段数，将其值设为 8。应用缩放命令将圆柱体纵向压扁，作为仪表盘的基础造型，如图 4-21 所示。

选择圆柱体顶面的面，多次执行 Edit Mesh → Extrude 命令，塑造出仪表盘根部的造型，如图 4-22 所示。

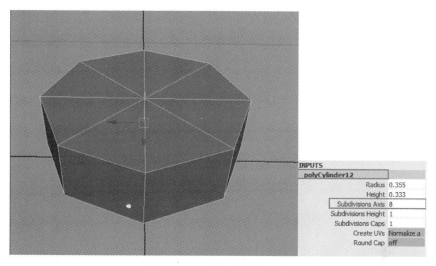

图 4-21 调整圆柱体分段数

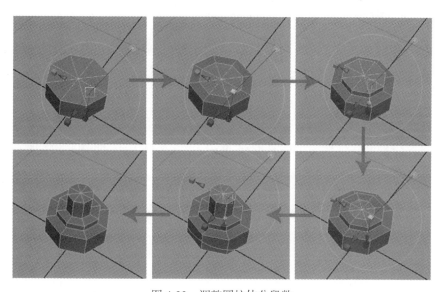

图 4-22 调整圆柱体分段数

在仪表盘相应的结构位置加入结构线，塑造出仪表盘准确的结构和质感，如图 4-23 所示。

4.2.6 喷管

对于灭火器喷管的造型，我们使用一种简单但特殊的方法来制作，将曲面建模里常用的曲线放样和多边形的挤出命令相结合，具体步骤如下。

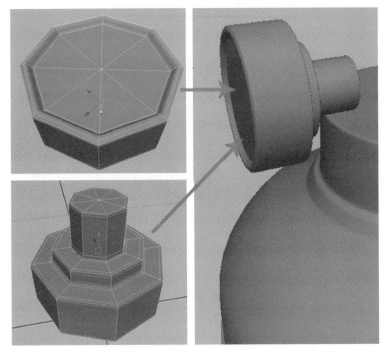

图 4-23　最终卡线效果

执行 Create → Polygon Primitives → Cylinder 命令，创建一个符合灭火器喷管直径比例的圆柱体。在模型上单击鼠标右键切换到 Face 级别，删除顶面之外的其他所有面，如图 4-24 所示。

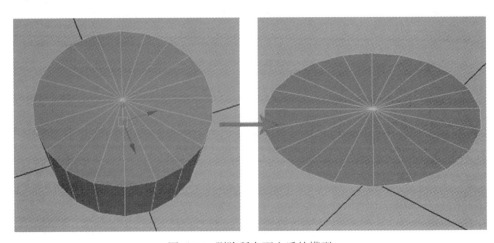

图 4-24　删除所有面之后的模型

将场景切换到正视图，应用 Create → CV Curve Tool 创建一根曲线。选中曲线，点击鼠标右键切换到 Control Vertex，调节控制点使曲线的弯曲和灭火器喷管的弯曲相吻合，如图 4-25 所示。

将圆柱体顶面移动到曲线起始点（空心方格端点）的正下方，同时选中面级别下的主体顶面和 CV 曲线的起始点，如图 4-26 所示。

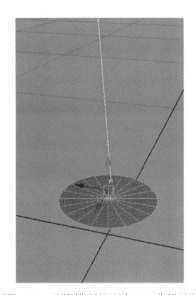

图 4-25　创建并调整 CV 曲线　　　　图 4-26　选取模型的面和 CV 曲线的起点

应用 Edit Mesh → Extrude 命令，让选中的面顺着 CV 曲线的走势进行挤出。然后在 Maya 视图右侧的创建历史中调节 Divisions（分割数）的参数，设为 25，这个数值可根据个人具体情况来决定，原则是在保持造型圆滑自然的前提下尽量保持最小分段数。最后选择模型，应用 Edit → Delete by Type → History，删除 CV 曲线，如图 4-27 所示。

需要注意的是，在多边形建模过程中经常会遇到模型的分段数问题，分段数越高，模型的精度越高，但随之而来的是多边形的面数也越多。而在工业流程中，一般情况下对多边形模型的面数都是有严格限制的，如游戏模型的制作中对模型面数的控制就很严格。因此，我们要根据模型的精度要求恰当地使用多边形的分段数，切记过犹不及。

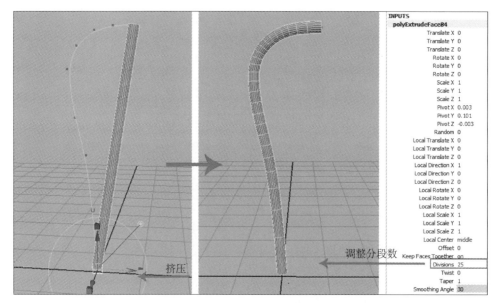

图 4-27 增加分段数

下面开始塑造管口与瓶身的衔接处。既可以直接在喷管模型上做，也可以将其作为一个独立的多边形来完成。这里我们选择后一种方法，具体步骤如下。

在多边形的面级别下选择喷管最上端的一节，应用 Edit Mesh → Duplicate Face 命令对选中的面进行复制。应用 Edit Mesh → Extrude 命令挤出管口衔接处的基本厚度，如图 4-28 所示。

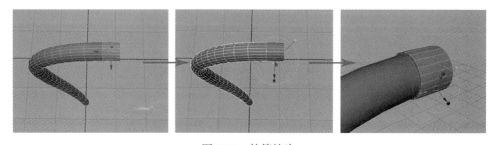

图 4-28 软管接头

通过多次的选面挤出缩放，调整出管口衔接处的造型，如图 4-29 所示。

然后在转折处添加结构线，体现管口衔接处模型的造型和金属质感，如图 4-30 所示。

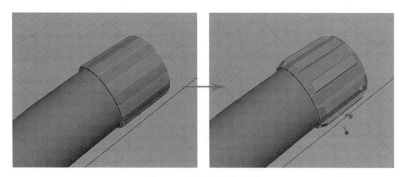

图 4-29　软管接头细节

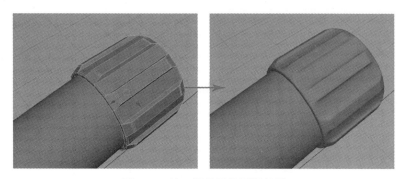

图 4-30　接口部分最终圆滑效果

　　需要注意的是，在卡线的过程中，我们会发现，在一些没有结构线转折的位置卡环线是很容易的，但一遇到那些并非环形走势的四边面时，所添加的循环线就会偏移到其他位置。这时，就需要手动修改所卡线段的走向。

　　喷口部分由两个简洁的模型拼接而成，由于制作方法与干粉瓶模型类似，在这里就不再详细讲解。整个喷管部分最后的模型效果如图 4-31 所示。

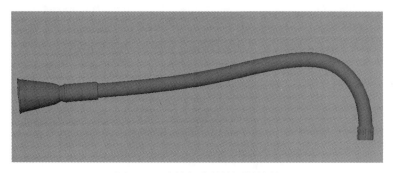

图 4-31　喷管部分最终圆滑效果

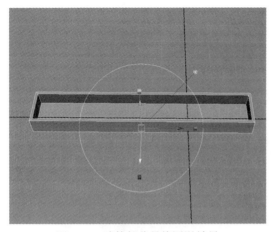

图 4-32　喷管部分最终圆滑效果

4.2.7　手柄

手柄部分看似形状多变，但仔细分析，它的形状就像两个没盖的方盒子。我们首先制作手柄的下半部分。在场景中生成一个长方体模型，删除模型顶部的面，调整长宽比例，用挤出面命令向内挤出出模型的厚度，如图 4-32 所示。

删除手柄一端的面，并应用 Mesh → Fill Hole 命令修补模型。

手柄上的起伏变化可以通过布线、调点来完成，首先删除一端的面，然后用补洞指令修复，在此基础上重新进行布线划分，具体步骤如图 4-33 所示。

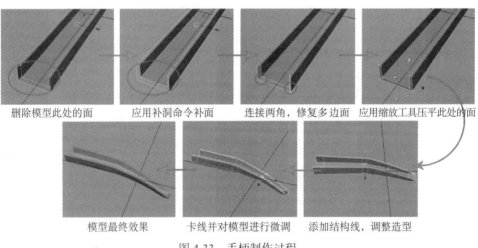

删除模型此处的面　　应用补洞命令补面　　连接两角，修复多边面　　应用缩放工具压平此处的面

模型最终效果　　卡线并对模型进行微调　　添加结构线，调整造型

图 4-33　手柄制作过程

手柄的另一部分与以上模型制作步骤一样，完成后的手柄部分效果如图 4-34 所示。

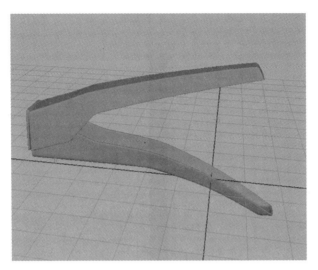

图 4-34　手柄模型最终效果

4.2.8　三通部分

这一部分的模型形体不是很规则，有方有圆，对卡线会有较高的要求。整体来看，其形状还是在圆柱体的基础上演变过来的。在场景中创建一个圆柱体，挤出面并调整其形状，如图 4-35 所示。

选择与 X 轴或 Z 轴垂直方向的面进行挤出，如图 4-36 所示。

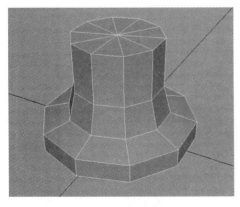

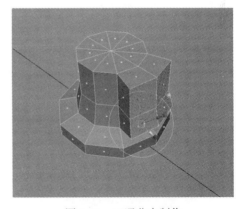

图 4-35　三通基本型　　　　　　　　　图 4-36　三通分支制作

应用缩放命令压平选择的点，并调整模型删除多余的线，如图 4-37 所示。

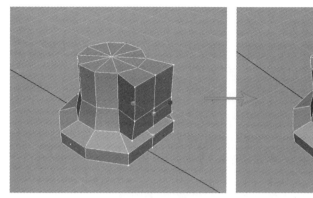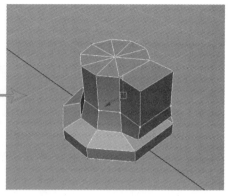

图 4-37　三通分支整形

删除被选中的面，按 V 键移动点到参考图标注的位置，并焊接点，如图 4-38 所示。

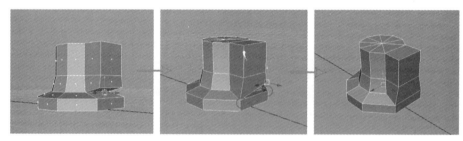

图 4-38　三通分支合并

选择面，并对其进行挤出，在这里可以通过挤出的方式将挤出部分模型的转角处的线卡好，如图 4-39 所示。

以同样的方法将模型侧面的面挤出并卡线，如图 4-40 所示。

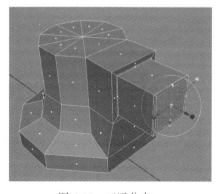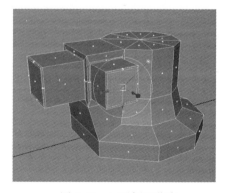

图 4-39　三通分支　　　　　　　　　图 4-40　三通侧面分支

　　然后在转折处添加结构线，塑造边缘造型和模型质感。

　　需要注意的是，通过观察实物不难发现，此部分有方有圆，结构边缘也有硬有软，因此，就要求在卡线时要做到有放有收，有的结构要卡双线，有的结构要卡单线，有的则不能卡线，如图 4-41 所示。

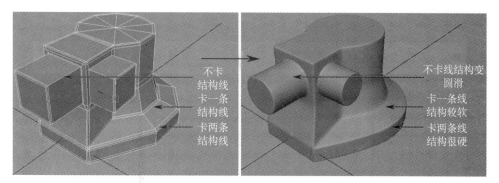

图 4-41　三通卡线分析

　　需要注意的是，在卡线过程中，并不是模型的每个结构都能顺利地添加环形结构线。一般只有模型规则的四边面且没有结构线的转折的位置加环线才比较容易，其他很多情况都需要应用 Edit Mesh → Split Polygon Tool 手动修改结构线的走向。最终线段走势如图 4-42 所示。

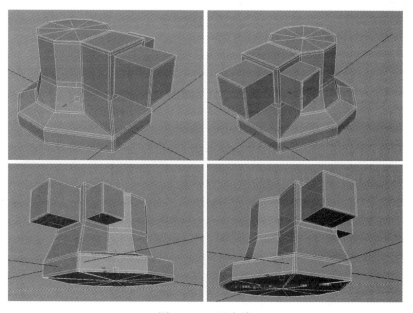

图 4-42　三通卡线

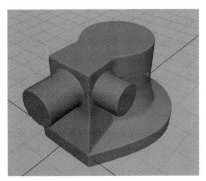

图 4-43　最终效果

三通部分最终效果如图 4-43 所示。

4.2.9　拉环

对于灭火器的拉环部分，仔细观察其结构，我们会发现这部分和之前做的喷管模型有相似之处，既然模型相似，其制作方法也是类似的。

分析拉环结构，发现其就是一个沿一定路径弯曲的圆柱体。应用 CV 曲线命令画一根曲线，以拉环的弯曲路径为参照调节曲线，如图 4-44 所示。

在场景中生成一个原始圆柱体，将其分段数适当地减少一点，并切换到面级别删除除顶面以外的所有面。调整顶面大小，使其和 CV 曲线起点相垂直，如图 4-45 所示。

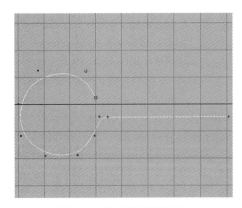

图 4-44　拉环的曲线路径

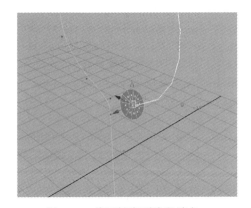

图 4-45　将面锁定到线段端点

同时，选择顶面和 CV 曲线的起点，应用挤出命令对其进行放样。调整参数使金属拉环模型圆滑、精致，如图 4-46 所示。

应用 Edit Mesh → Bevel 命令，将拉环两端边缘分别导角，在 Maya 视图右侧的创建历史中调节 Offset（偏移）和 Segment（分段数），调整导角的角度大小和导角的分

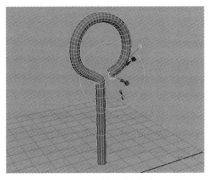

图 4-46　沿曲线挤出

段数，使模型边缘更光滑。最终效果如图 4-47 所示。

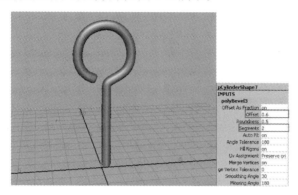

图 4-47 最终完成效果

4.2.10 固定喷管的金属框

观察实物，我们会发现金属框和干粉瓶是相切的。我们从瓶身上选择图 4-48 所示的面，通过复制面指令将其复制出来。

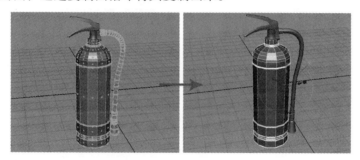

图 4-48 从金属瓶复制面

调整复制出的面片的高度，应用 Edit Mesh → Extrude 命令，挤出面片的厚度，如图 4-49 所示。

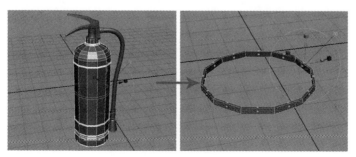

图 4-49 给复制的面增加厚度

图 4-50　造型

选择与 X 轴或 Z 轴处于垂直方向的面，调整其宽度，并对其进行多次挤出造型，如图 4-50 所示。

在转折处添加结构线，塑造边缘造型和模型质感，如图 4-51 所示。

4.2.11　整理模型

参考灭火器实物图，将各部件按比例拼到各自的位置上。最后选择所有物体，应用 Mesh → Smooth 命令进行光滑处理，如图 4-52 所示。

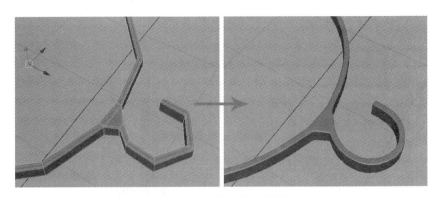

图 4-51　金属框最后结果

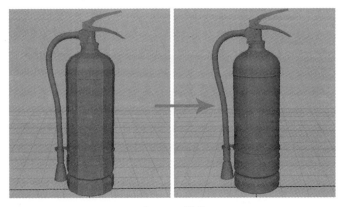

图 4-52　拼装

将模型的所有组成部件全选，清除所有模型制作的历史记录。应用 Modify → Center Pivot 将模型的坐标轴心置于物体中心。应用 Modify → Freeze Transformations 冻结模型相关参数，使坐标值归零。

将模型的所有组成部件全选，然后按 Ctrl+G 键，把这些模型建成组。打开 Maya 视图左侧的 outliner，删除除被选中的 group1 以外的其他内容，如图 4-53 所示。

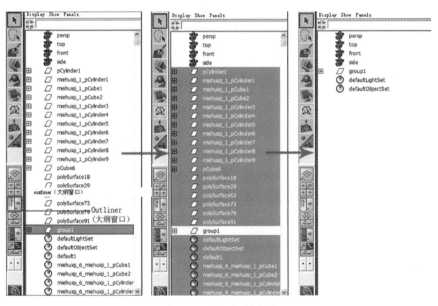

图 4-53　整理场景文件

执行 Flie → Save Scene As 命令，保存模型，切记文件名勿使用中文命名。模型最终效果如图 4-54 所示。

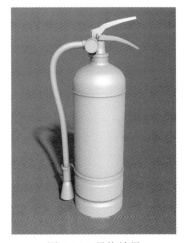

图 4-54　最终效果

第 5 章
硬表面建模

5.1　分析工作空间的设定

在开始建模前，可以对 Maya 界面进行设置，使工作空间更便于操作，动画时间滑轨与范围滑轨在建模中并不需要，可以将其隐藏，如图 5-1 所示。

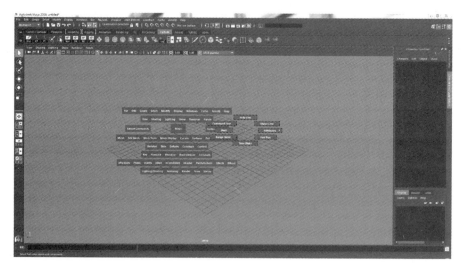

图 5-1　简化工作区域

对于不同的建模项目，依照其特点可以有针对性地组织好自己的工具集合。将常用的工具准备好放到工具架上，这样可提高建模的工作效率，如图 5-2 所示。

图 5-2　个性化工具架

5.2　预先计划几何图形

我们将做一个较为简单的部件，它是由一个非常简单的圆柱体和一个立方体组成的。外圆内方的零件实物参考图有很多，如图 5-3 所示。我们将用基本的多边形建模工具完成图 5-4 中零件的建模工作。

图 5-3　外圆内方的实物

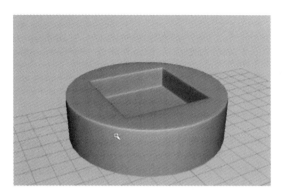

图 5-4　外圆内方的零件

5.2.1　分析

首先分析建模对象，直观上看，制作对象是一个有方形凹槽的圆柱体。对于中间的方形凹槽，为了保持方形转角的硬边，每个角就需要 3 条边（图 5-5），那么方形槽的每个角就对应有 4 条边，所以我们应该将圆柱体设为 16 边形。

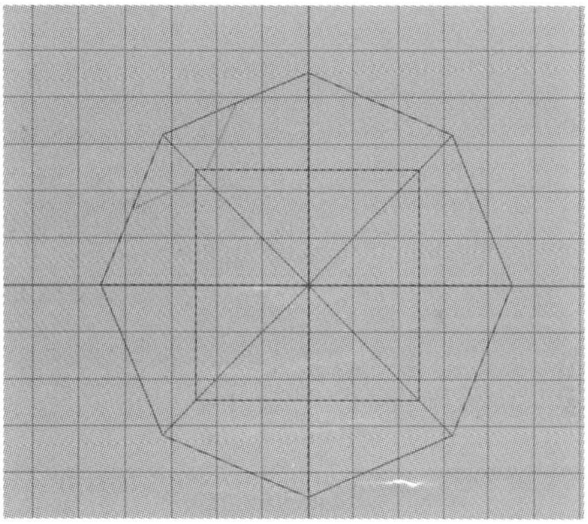

图 5-5　方形孔槽的角部需要 3 条边

5.2.2　制作基本型

创建一个圆柱体和立方体，调整圆柱与立方体的位置，如图 5-6 所示，选择圆柱体和立方体，做布尔运算将立方体减掉。图 5-6 分别是八边形和十六边形的圆柱体所得到的结果。

5.2.3　圆柱体为8边的制作效果

对于八边形圆柱，将布尔运算后形成的凹槽部分断开的线段连接起来，但圆滑显示后发现有些形状不是四边形，这是在布尔运算时造成的，我们可以将发生问题处的点进行合并操作，即可解决问题，如图 5-7 和图 5-8 所示。

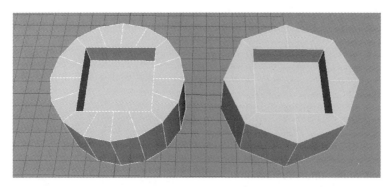

图 5-6　8 边和 16 边的圆柱体

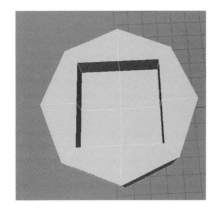

图 5-7　补充间断的连线

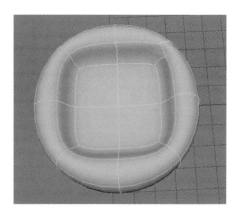

图 5-8　圆滑后检测

在顶面上的中间位置插入一圈线。如图 5-9 所示，选择如图 5-10 所示的线段，准备做斜切操作。

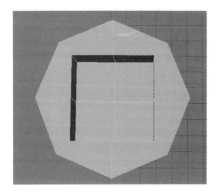

图 5-9　插入圈线

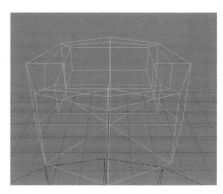

图 5-10　选择准备斜切的边

将斜切中参数 Segments 设为 2，Fraction 设为 0.15，呈现方形凹槽边缘，如图 5-11 所示。

对于角部，可以将选择的这三个点合并到如图 5-12 所示的点。

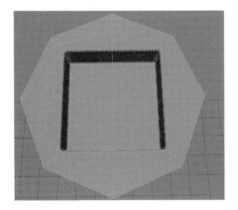

图 5-11　调整斜切参数　　　　　　　图 5-12　整理角部布线

将部件的侧面边缘也做斜切，然后按"3"键平滑显示，可以发现角部也出现了皱纹，这是因为表面为了平滑，使得表面相关布线自动重新分布。删除角部三角形中线，使其成为四边形，如图 5-13 所示。光滑后给零件赋予 Blinn 材质，通过高光查看效果，虽然基本形状没错，但可以看到角部仍然还存在一点褶皱，如图 5-14 所示。

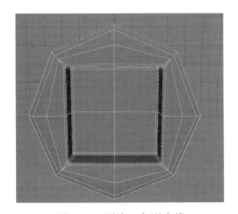

图 5-13　删除三角形中线　　　　　　图 5-14　光滑后的效果

5.2.4　圆柱体为16边的制作效果

再来制作十六边形的圆柱体，在方形凹槽插入线，然后将选择的线段删除，如图 5-15 所示，因为暂时不需要，只是将其斜切后，每个角部两边的线段能有连接到圆柱的边沿的地方。选中图 5-16 中的线段，准备进行斜切操作。

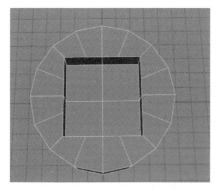

图 5-15　删除 16 边圆柱顶部所选择线段

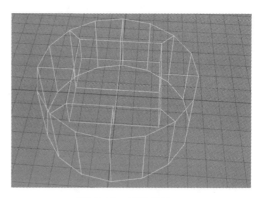

图 5-16　斜切的边

我们将斜切参数中的 Segment 设为 2，Fraction 设为 0.15，然后如图 5-17 所示插入线段，删除多余线段后如图 5-18 所示。

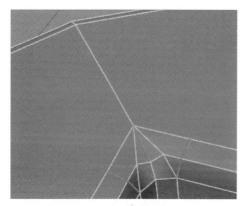

图 5-17　插入红色线段

图 5-18　删除多余线段

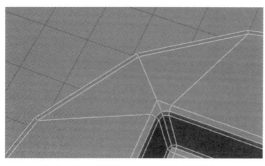

图 5-19　完成重新布线后的角部结构

将角部两侧的线段连接到圆柱周边的点上，这样十六边形多于八边形的这 8 个点就恰好用在每个角的两侧边线上了，如图 5-19 所示。

其余 3 个角做同样操作，光滑操作后，效果较好。与八边形圆柱相比较，角部产生的褶皱消除了，最终结果如图 5-20 和图 5-21 所示。

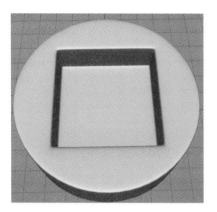

图 5-20　光滑后消除了角部的褶皱　　　　图 5-21　最终效果

5.3　模型的主形和次形

对于要建模的对象，首先需要找出主要形状是什么，然后分析其次要形状。图 5-22 中的部件，其主要形状是圆柱体并且向内有大约 45° 的斜面，然后在中心以相反的 45° 斜面形成凸起圆台。而次要形状是围绕圆柱体顶面边缘的一圈圆柱形凹孔。

图 5-22　圆盘状零件　　　　　　　　图 5-23　具有圆孔的轮盘

5.3.1　分析

这个部件是一个大的圆柱体，周边有一圈圆柱形的孔。这些孔可以用布尔运算切掉。对于每个孔，也就是次级形状，应该如图 5-23 中线段所示的划分，如此一来，主体形状上也应该具有相应的布线。

创建 20 边的圆柱体，这样可以保证每个圆孔在一条边上，而孔与孔之间正好具有一条边进行分割。

5.3.2 主体造型

创建 20 边的圆柱体，然后选择顶面进行 Extrude 操作，如图 5-24 所示。继续 Extrude 操作，并进行移动缩放，完成主体造型，如图 5-25 所示。

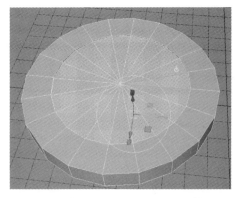
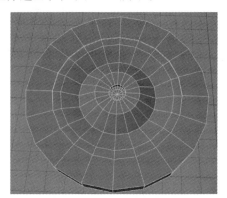

图 5-24 主体形状为 20 边的圆柱体   图 5-25 完成的主体造型

5.3.3 次要形状造型

完成了主要物体的造型后，要解决的是 10 个沿圆柱面上环绕的小圆柱孔。在圆柱上插入一圈线，使插入的圈线位于圆盘凸起边圈的正中心，如图 5-26 所示，这样使得小圆孔的圆心在凸起的边圈上的中心位置。创建圆柱体，然后按 V 将其锁定到点上，将新创建的圆柱体设为 8 边，如图 5-27 所示。

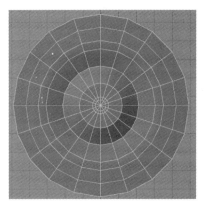
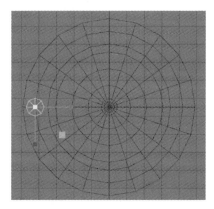

图 5-26 插入中心圈线   图 5-27 放置小圆柱体

5.3.4 以最小单元来工作

因为物体可划分为 10 等分，所以删除其他部分，保留 1/10 单元，如图 5-28 所示。

将这两个物体进行布尔运算，将 Classification 选择为 Edge，否则布尔运算只是将单元打个洞而无底面，如图 5-29 所示。

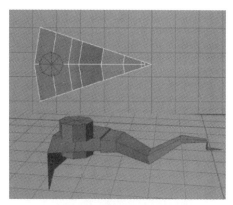

图 5-28 零件的基本单元

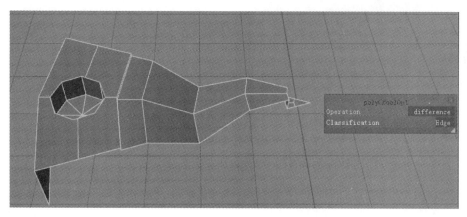

图 5-29 布尔减法运算后的结果

通过合并点以及 Extrude 操作，删除多余线段，使布尔运算后单元所有的面都是四边形，如图 5-30 所示。

选择圆孔的上下两圈边线，进行斜切操作，并将 Segment 设为 2，Fraction 设为 0.1。然后将此单元的轴心移到中心处，如图 5-31 所示。

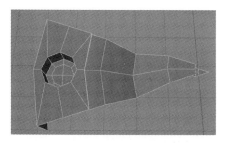

图 5-30 布尔运算后清理完成的单元

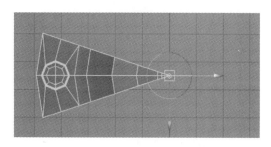

图 5-31 斜切次物体圆孔的边

5.3.5　合并对称单元

将单元复制 9 次，每次旋转 36°，如图 5-32 所示。目前得到的还是 10 件分离的单元，所以必须将其合并。选择所有 10 件单元，执行 Combine，使 10 个物体成为一个物体。然后选择所有点，用 Merge 指令进行合并，使每个单元真正连接在一起。此时要注意合并中 Distance Threshold 的设置，以避免相邻的点被合并，如图 5-33 所示。

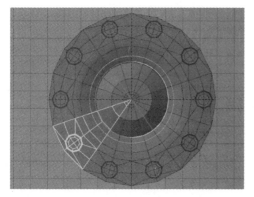

图 5-32　复制单元并旋转

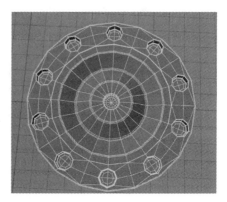

图 5-33　合并后的模型

图 5-34　光滑后的模型

在转折部分插入边线，顶面边缘处的边线不能插入，可以选择边缘线，然后通过斜切，将 Segment 设为 2，Fraction 设置以转角合适为宜。完成后的零件如图 5-34 所示。

5.3.6　进一步完善

仔细观察边缘，由于蓝线部分连接在边线点上，因此边线磨角光滑不太均匀。对此，可通过下面的方法进一步完善。在每个单元添加红线，删除蓝线，将大圆柱体开始创建时设为 40 边较为合适，如图 5-35 所示，这样能将删除蓝线后的多边形很好地划分为四边形，如图 5-36 所示。

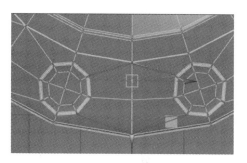

图 5-35 重新布线图

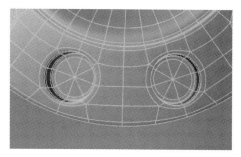

图 5-36 主体圆柱采用 40 边的布线

5.4 将建模对象拆分为更小形状

对于包含多种形状的物体，可以将其分拆到基本的形状，然后再组合这些形状，这样将大的形状分解为小的形状也是在建模中常常用到的方法。下图的六边形螺帽就是一个很好的例子（图 5-37），图 5-38 是其三视图。

图 5-37 六边形螺帽实物

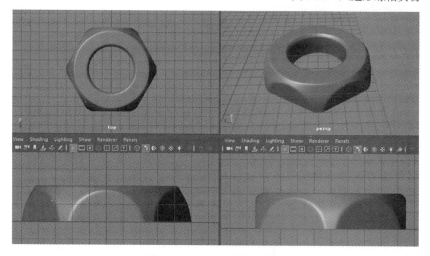

图 5-38 六边形螺帽三视图

5.4.1 分析

整个部件是一个六边形，每个边主要由下图红色图形构成，而顶部则是由

图 5-39　分解成的图形

圆柱体构成，如图 5-39 所示。

　　构建侧面半椭圆平面，然后将其复制到每个面，并与顶部圆形顶面相连接，就可以构成这个部件。

5.4.2　构建小的形状

　　首先创建一个圆柱体，只留下顶部圆面，将其缩放，并删除一半形成半个椭圆面，然后复制形成 6 个面。完成后将每个面的轴心移到面的下面，如图 5-40 所示。将这 6 个面 Combine 成一个整体，然后通过 Append Polygon 指令将它们连接起来，如图 5-41 所示。

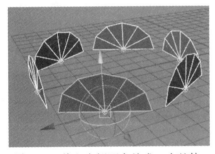

图 5-40　将六个侧面合并成一个整体

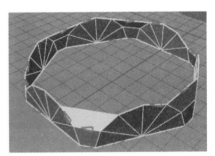

图 5-41　连接缝隙

5.4.3　创建顶部

　　分析侧面顶部边线总共有 18 段，所以创建一个 18 边的圆柱体，并且只留下圆柱的顶面，如图 5-42 所示。将两部分 Combine 成一个整体，然后选择边线进行 Bridge 操作，要注意顶面的边线与侧面的线段对应，同时注意法线是一致向外的，如图 5-43 所示。

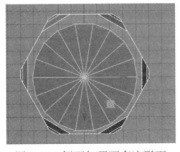

图 5-42　侧面与顶面多边形面

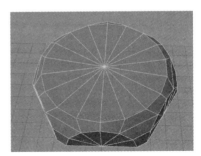

图 5-43　完成顶部

5.4.4　完成整形

选择顶面并 Extrude 几次，形成中间圆孔，如图 5-44 所示。然后选择内圆边线，如图 5-45 所示。

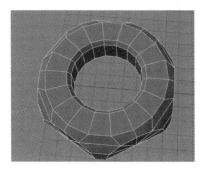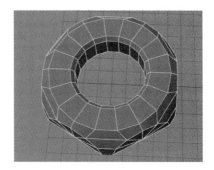

图 5-44　斜切内圆孔边线　　　　　　　图 5-45　斜切所有边线

进行斜切，将 Segment 设为 1，Fraction 设为 0.3，删除历史，选择所有需要斜切的边，将 Segment 设为 2，Fraction 设为 0.3，如图 5-46 所示。图 5-47 是光滑后的效果。

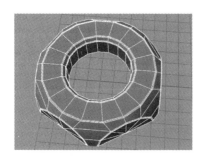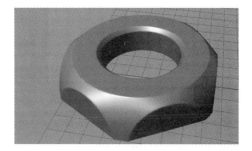

图 5-46　设置斜切参数　　　　　　　图 5-47　光滑后的效果

5.5　使用动画变形器

建模不仅仅局限于建模指令，动画动力学等功能也能对建模起到很大帮助作用，使用动画变形器也能帮助建构复杂模型。图 5-48 中的零件就是使用动画变形器的功能完成的。

图 5-48　经过拧转的凹槽零件

5.5.1　分析

这个部件基本是一个圆柱体，只是顶部缩小了一点而已。侧面主要是拧转的凹槽，我们可以先建立规则的凹槽，然后通过变形器拧转达到要求。

首先，创建圆柱体，并将其缩放形成圆台，如图 5-49 所示。在开槽的上下位置插入圈线，然后选择顶面边环线，进行斜切操作，斜切中将参数 Segment 设为 2，如图 5-50 所示。

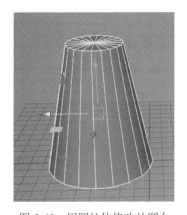

图 5-49　用圆柱体修改的圆台

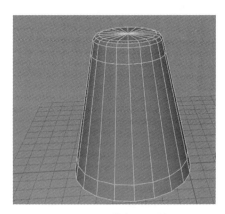

图 5-50　边缘加入圈线

选择侧面每间隔一个面的面，进行 Extrude，并将 Offset 设为 0.2，将 Local Translate 设为 -0.3，如图 5-51 所示。

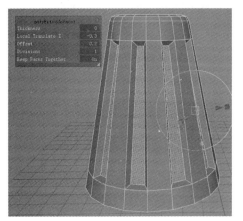

图 5-51　生成凹槽

5.5.2　使用动画变形器

为了拧转变形具有较好的细节，我们需要对凹槽增加更多划分，通过 Insert Edge Loop Tool 插入圈线，选择 Multiple Edge Loops，然后设置插入圈线数量，这里可以设为 8，如图 5-52 所示。

选择部件给其施加一个 Twist 变形器，然后将 End Angle 旋转一定角度。选择每个凹槽的上下边沿线，进行斜切后，将其参数 Segment 设为 2，如图 5-53 所示。光滑后的效果如图 5-54 所示。

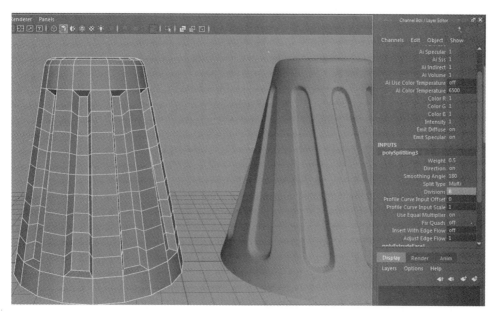

图 5-52　插入细节

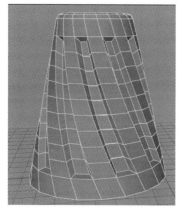

图 5-53　选择将要斜切的边

图 5-54　最终效果

5.6　如何保持点方向与空间的正确性

我们有时需要调整斜面上的一些点，而选择这些点后，它们的坐标系所指示的方向与我们的工作面不一致，这样就容易造成物体表面的平滑性产生问题。下面以如图 5-55 所示的零件为例，来探讨如何解决这样的问题。

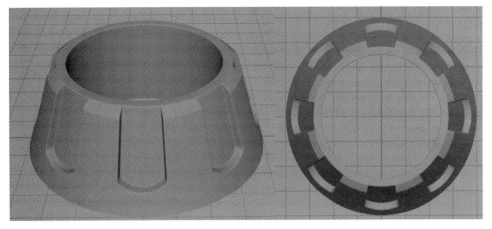

图 5-55　具有斜面凹槽的零件

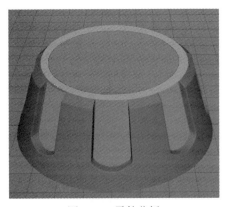

图 5-56　零件分析

5.6.1　分析

　　红色部分是由一个圆柱体组成的，建构此模型时，我们可以通过基本圆柱体，进行局部 Extrude 来构建凸出部分。如图 5-56 所示，对于凹陷下去的凹槽底部呈现的弧形，需要 4 等分来构建，对应的凸出部分也需要 4 等分才能使得整个部件保持成圆柱体而不变形，所以一个单元就是 8 个等分，而整个形状是由 8 个基本单元构成，所以应该创建一个 64 边的圆柱体。

5.6.2　制作基本形状

　　创建圆柱体，将其边数设为 64，然后将圆柱通过缩放挤出等操作，形成上面细一点下面粗的圆管，如图 5-57 所示。再根据凹槽底部位置插入圈线，如图 5-58 所示。

　　选择将要凸出的面，如图 5-59 所示。

　　Extrude 这些面，并通过世界坐标将其放大，如图 5-60 所示。

　　然后移动选择的点到合适位置，最后删除底部所有面，如图 5-61 所示。

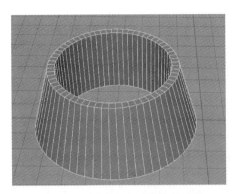

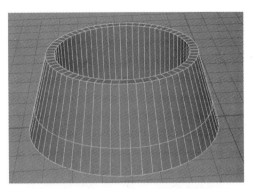

图 5-57　创建基本圆柱体并缩放　　　　　图 5-58　插入圈线决定凹槽底部位置

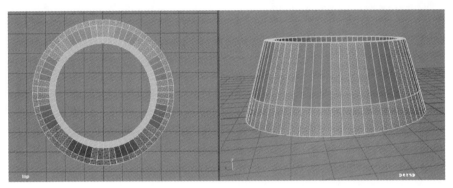

图 5-59　选出凸出来的侧面

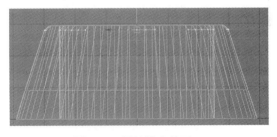

图 5-60　Extrude 所选择面　　　　　　　图 5-61　调整挤出的面

5.6.3　在一个基本单元上工作

删除部件其他面，保留一个基本单元，也就是模型的八分之一部分，如图 5-62 所示。这样只需调整好一个单元就可以完成整个模型的工作，这也是提高工作效率的方法。然后调整凹槽下部的弧形，如果选择点直接下移，所选择的点就不会保持在斜面上，如图 5-63 所示。

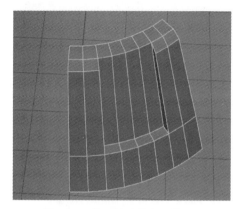

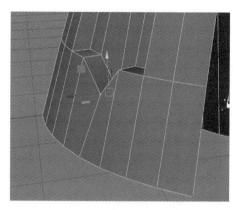

图 5-62　模型的八分之一单元　　　　　图 5-63　调整点的坐标与斜面不一致

按住 W 键，按住鼠标左键，然后选择 Keep Space，这样可以使选择的两个点在移动的时候保持相对位置不变。

5.6.4　调整点的移动方向

通常选择多于一个点的时候，移动轴心通常在这些点的平均中心位置，我们需要将这个轴心的位置改变到斜面的线段上，按住 D 键，然后在要移动的斜面上单击线段，轴心的方向将沿着所对齐的线段保持方向一致。也可以将轴心移到表面的点上，然后按住 C 键将其移动锁定到这条斜线上，这样就能保证移动点的时候保持侧面在圆周面上，如图 5-64 所示。选择如图 5-65 所示的线段。

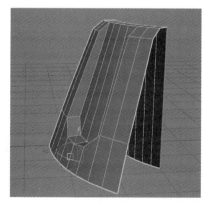

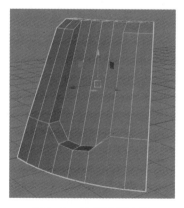

图 5-64　调整点的移动方向　　　　　图 5-65　选择斜切边线

准备进行斜切操作，将斜切的 Segment 设为 2，如图 5-66 所示，然后均匀插入线，如图 5-67 所示。

图 5-66 设置斜切参数

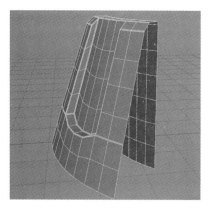

图 5-67 均匀布线

将此单元复制 7 个，每次旋转 45°，然后将它们 Combine 成一个物体，合并接缝处的点后，即完成，最终结果如图 5-68 所示。

5.7 布尔运算的次序

下面是如何制作图 5-69 所示的部件。

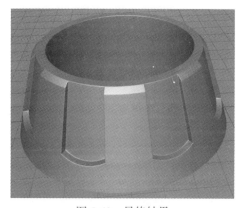

图 5-68 最终结果

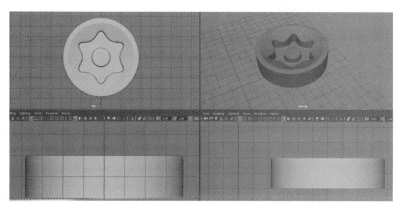

图 5-69 零件三视图

5.7.1　分析

部件主体形状是圆柱形，主要困难是中心凹槽，它是六角形状，每个角需要 3 条边，每个凹进的角也需要 3 个，整个形状就需要 36 条边，也就是说我们需要创建一个三十六边形的圆柱体作为凹槽布尔运算的物体。另外，主体圆柱的顶面向中心点大约有 45°的下沉而形成斜面，可以通过 Extrude 操作，也可以用另外一个具有斜面的圆柱体做布尔运算来实现。

5.7.2　创建六角凹槽

创建 36 边的圆柱体作为主体，创建另一个 36 边的圆柱体，为做凹槽做准备。选择六等分处的点进行缩放，然后选择如图 5-70 所示的点，进行缩放，继续选择如图 5-71 所示的点，进一步缩放，调整形状。

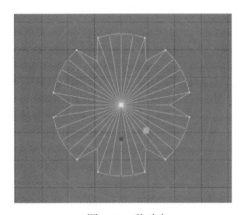

图 5-70　移动点

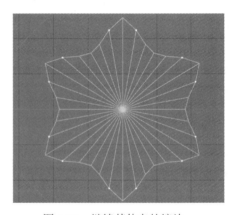

图 5-71　继续其他点的缩放

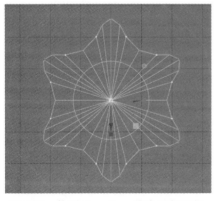

图 5-72　使用 Transform 指令进行调整

然后将所选择点执行 Transform，移动后切换到缩放，这样调整好形状，如图 5-72 所示。

选择图 5-73 所示的点，按住键盘 W 键，按住鼠标左键选择将 Keep Space 关闭，然后移动这些点并锁定栅格。

复制主体圆柱，然后将其修改如下，形成斜面的圆台为布尔运算做准备，如图 5-74 所示。

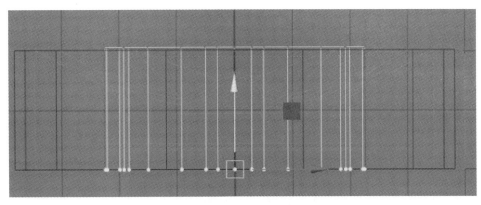

图 5-73　整理上下平面点

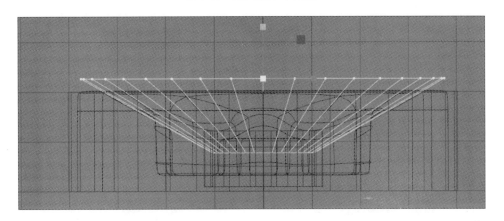

图 5-74　制作圆台

删除准备好的这三个物体的历史，冻结 Transformations。

5.7.3　布尔运算

将主体分别用布尔运算减去另外两个物体，如果第二次布尔运算出现出乎意料的结果，如一切都消失了，则可以改变一下布尔运算的次序，如图 5-75 所示。然后删除不必要的线段，如图 5-76 所示。

再创建一个 36 边的圆柱体，放在主体圆柱中心，并进行布尔联合运算，如图 5-77 所示。将布尔运算后错开的点连接好，按键盘上的"3"光滑显示，检测是否有错误，如果有 n 边形，可以合并点来消除没有重合在一起的点。将插入圈线指令中的 Maintain Position 设置为 Equal Distance From Edge，插入圈线，如图 5-78 所示。

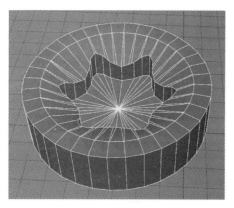

图 5-75　两次布尔运算后的结果

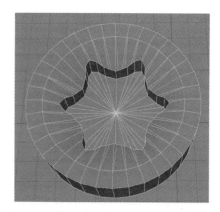

图 5-76　删除布尔运算后所产生的多余线段

图 5-77　布尔联合运算

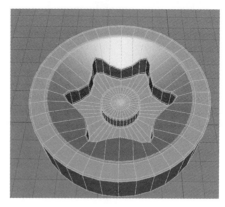

图 5-78　拐角处卡线

最终结果如图 5-79 所示。

5.8　正确计算几何体的划分

当将几种形状组合成一个形状的时候，如何确定这些形状的划分决定着组合后形状之间的布线衔接，我们可以以图 5-80 显示模型为例进行分析。

5.8.1　分析

图 5-79　最终结果

我们可以将此部件分为两部分，一部分是图 5-81 中的一个有阶梯状的平面；另一部分是一个圆柱体构成的圆台。首先我们创建平面，通过移动线段和面来得到阶梯状平面，如图 5-82 所示。

如果是用 12 边形创建的圆柱体，对于圆柱体与阶梯平面连接处的边可用红色线来划分，但留下白色区域为五边形，如图 5-83 所示。如果采用 16 边形的圆柱体，则可以通过增加如图 5-84 所示的线段来划分。

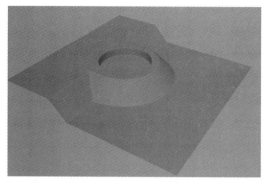

图 5-80　圆台形状与具有台阶式的平面组成的结构

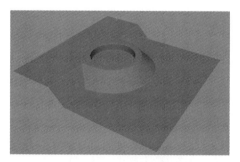

图 5-81　区分不同形状构成

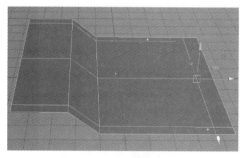

图 5-82　调整形状后的平面

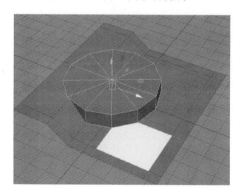

图 5-83　12 边形圆柱体与平面结合
所产生的问题

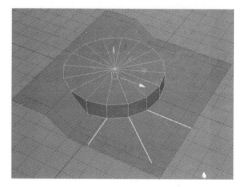

图 5-84　16 边形圆柱体弥补了与平面
结合时的问题

5.8.2　制作

选择圆柱体上面的点并将其缩小成圆台，如图 5-85 所示。将如图 5-86 所示的三条线段调整到与圆柱体垂直距离相等的位置。

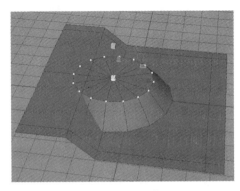 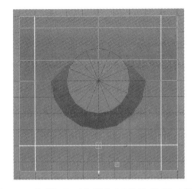

图 5-85　修改圆柱体形状　　　　　　图 5-86　调整平面布线与圆柱体的相对位置

将阶梯平面按照圆柱体的形状和边数增加线段划分，如图 5-87 所示。然后删除被圆柱体所覆盖部分，并将阶梯平面新加的点匹配到圆柱体的相应点上，如图 5-88 所示。

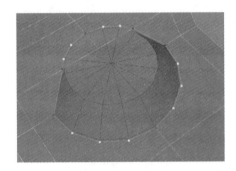 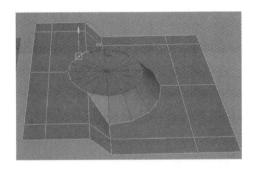

图 5-87　在平面上添加与圆柱体相对应的线段　　图 5-88　将平面中与圆柱体相对应的点重叠

选择所示点在 X 方向移动一点，然后在红框处的点按 V 键同时按住并拖动鼠标中键，那么移动的点将移动到与红框所示点在 X 轴上的位置完全一致的位置，即蓝线所示端点处，如图 5-89 所示。在 Z 方向上也做同样操作，如图 5-90 所示。

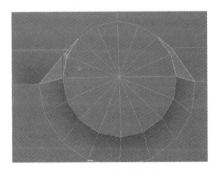 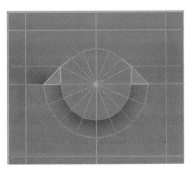

图 5-89　对齐点的操作　　　　　　　图 5-90　完成对齐

将重合点合并，然后填充空缺的面，并将 n 边形进行连线划分，结果如图 5-91 所示。另创建一圆柱体，边数与部件中圆柱体一致，与部件进行布尔减法运算，如图 5-92 所示。

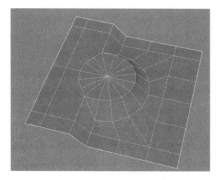

图 5-91　圆柱体与平面布线

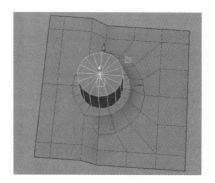

图 5-92　准备布尔运算

布尔运算后，整理并合并重合点，将其他 n 边形划分为四边形，如图 5-93 所示。然后选择如图 5-94 所示线段，准备斜切操作。

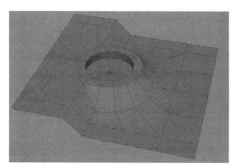

图 5-93　整理后的布尔运算结果

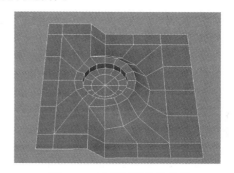

图 5-94　选择要倒角的线段

斜切后将参数 Segment 设为 2，并将选择点进行 Average 操作，使其更均匀，如图 5-95 所示。最终结果如图 5-96 所示。

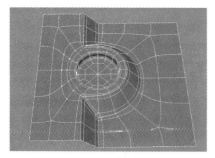

图 5-95　均匀布线

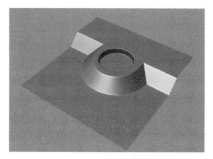

图 5-96　最终结果

5.9   通过分析形状

图 5-97 是由一些基本型复合形成的部件。

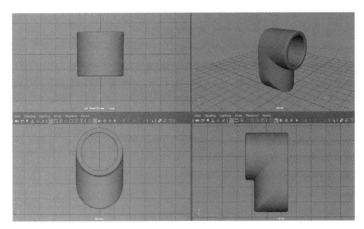

图 5-97   零件结构图

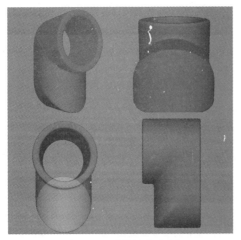

图 5-98   零件结构分析

5.9.1   分析

从图 5-98 可以看出，整个部件是由圆管、一部分压平的圆柱体和圆柱体相交组合成的，对相交处的线段进行斜切处理是关键，也要注意不同的方位呈现不同的形状。

5.9.2   前两个几何体的组合

首先创建圆管，将半径设为 1.6，厚度 0.4，高度为 5.8，再创建圆柱体，将半径设为 1.6，与圆管一致，然后将其位置调整如图 5-99 所示，调整圆柱体，将底部压平，将所选择点与圆管半径处对齐，如图 5-100 所示。

然后，在圆管处插入圈线，与圆柱线段对应，如图 5-101 所示。下面要把圆管里面与圆柱相交的部分减掉，所以创建一个圆柱体，使其半径略小于圆管，如图 5-102 所示。

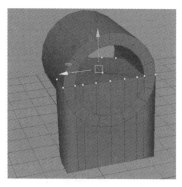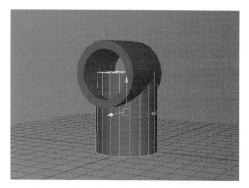

图 5-99　创建两个简单几何体　　图 5-100　修改后圆柱顶面对齐圆管的直径位置

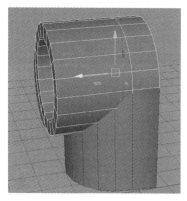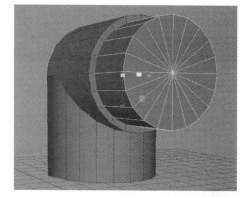

图 5-101　在圆管上插入对应线段　图 5-102　准备通过布尔运算减掉圆管内的圆柱

布尔运算后的结果如图 5-103 所示。

5.9.3　引入第三个基本几何体作为调整参照物

将布尔运算后的物体进行合并，并整理，然后创建另外一个圆柱体，并删除上半圆柱，如图 5-104 所示，然后将半圆柱的底部点锁定到前面合并部分的同一平面上，如图 5-105 所示。

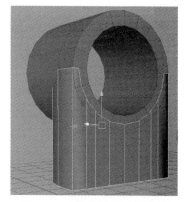

图 5-103　布尔运算后的结果

删除如图 5-106 中所选的面，将相应的点锁定到参考圆柱体对应的点上，如图 5-107 所示。

图 5-104　创建参照物体

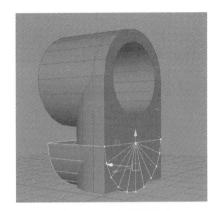

图 5-105　将参照物整形

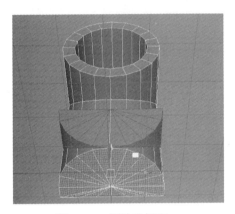

图 5-106　删除选择面

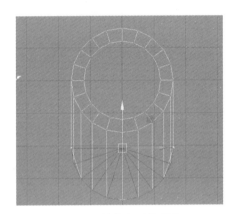

图 5-107　锁定点后的形状

可以删除作为参照的圆柱体（图 5-108），然后连接面，并在背后划分线段，如图 5-109 所示。

图 5-108　删除参考物体

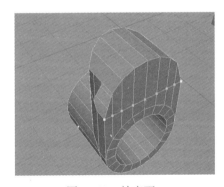

图 5-109　补充面

最后插入线并将空缺面填补好，如图 5-110 所示。

5.9.4　在对称部分进行操作

因为物体是对称的，为了使线段依然保持对称，可以删除一半对称面，只在对称一侧进行修改。删除对称的一半后并加上线段（图 5-111），调整，然后复制、镜像，如图 5-112 所示。

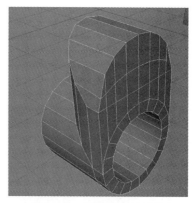

图 5-110　调整完后的形状

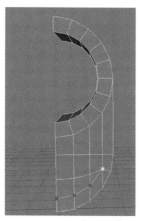

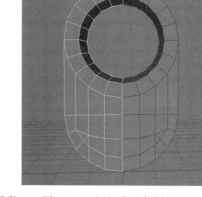

图 5-111　删除对称面重新调整线段　　图 5-112　调整完后复制对称面

合并后，融合重合点。然后再创建一个圆柱体，如图 5-113 所示。调整圆柱体周边布线，使得布线能与布尔运算对象相对应，如图 5-114 所示。

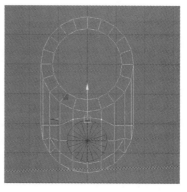

图 5-113　创建圆柱体为布尔运算做准备　　图 5-114　为布尔运算调整布线

下面决定圆柱体边数，可以看到在圆柱体周围有 12 条边，如图 5-115 所示。将圆柱体设为十二边形，然后进行布尔减法运算，然后整理点，并添加线消除 n 边形，最后合并重合点，如图 5-116 所示。

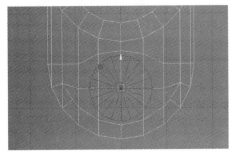 

图 5-115　以圆柱体周围的线段数决定圆柱体的边数　　　　图 5-116　布尔运算后的结果

再插入线，为圆管与圆柱之间的边界卡线做准备，如图 5-117 所示。合并点消除 n 边形，如图 5-118 所示。

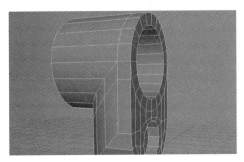 

图 5-117　插入边线　　　　　　　　　　图 5-118　消除 n 边形

再插入线，如图 5-119 所示，沿零件转角位置再加入线段，为斜切做准备，如图 5-120 所示。

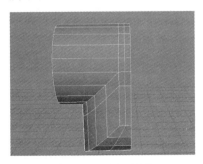 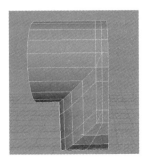

图 5-119　插入线段　　　　　　　　　　图 5-120　再加入线段

选择线段斜切，如图 5-121 所示，斜切后，产生了 n 边形面，如图 5-122 所示。

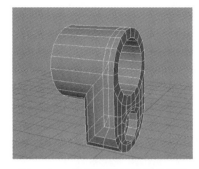

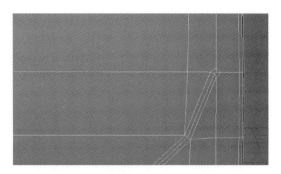

图 5-121　选择要斜切操作的线段　　　　图 5-122　斜切末端产生 n 边形面

删除线段，消除 n 边形后，最终效果如图 5-123 所示。

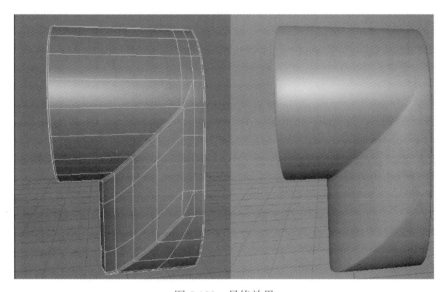

图 5-123　最终效果

5.10　两个几何体融合的方法

图 5-124 展示的是本部分将要建模的物体的三视图。

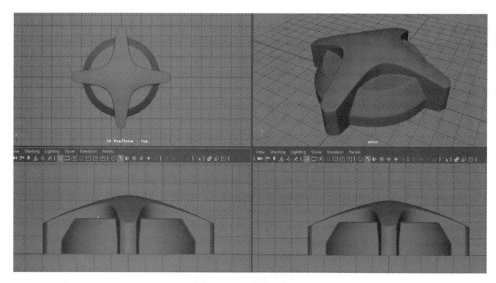

图 5-124 零件三视图

5.10.1 分析

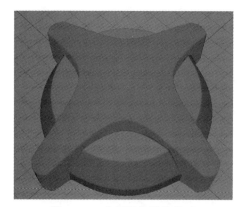

图 5-125 分析零件形状构成

从图 5-125 中可以看出此部件是由 X 形和一个圆柱形构成的,可以分别制作这两个形状的物体,然后再考虑如何将两个物体融合起来,并调整两个物体的布线,使得它们之间的分界线能正确进行斜切操作。

5.10.2 创建X形几何体

创建圆柱体,边数为 24,并对相应点进行调整,如图 5-126 所示,通过 Transform 指令,对形状进行调整,如图 5-127 所示。

然后删除上、下面,如图 5-128 所示,通过 Fill Bole,然后重新在面上划分线段,形成如图 5-129 所示的布线。

然后选择点,进行移动,使侧面看起来和参考图近似,如图 5-130 所示。

选择外圈除了顶点处的外圈点,如图 5-131 所示。

在侧视图上将这些点向下移动一些,如图 5-132 所示。

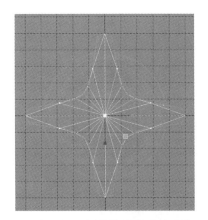

图 5-126　圆柱体调整后的形状

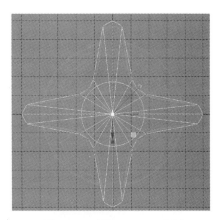

图 5-127　用 Transform 调整

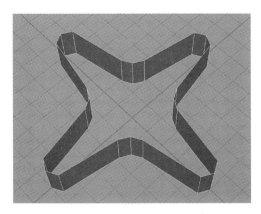

图 5-128　删除上下面后的效果

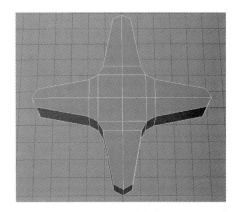

图 5-129　重新加入面

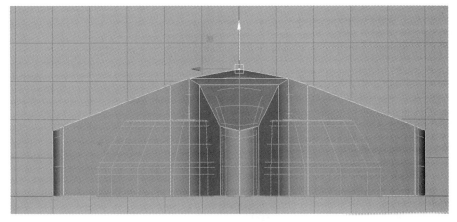

图 5-130　侧视图

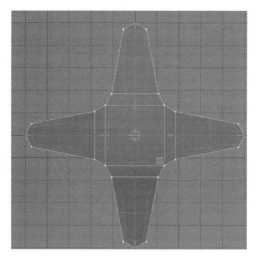

图 5-131　选择外圈点

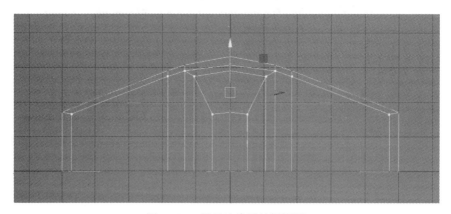

图 5-132　调整边缘后的侧视图

5.10.3　第二个几何体的分析与创建

创建第二个几何体圆柱体，将边数确定为 16 边，这是因为划分要对应 X 形状部分的线段划分，如图 5-133 所示。然后挤出圆柱体，并将顶部进行缩放，如图 5-134 所示。

因为部件在水平和垂直方向都对称，所以可以删除面，只留下四分之一部分（图 5-135），从而减少工作量。将两部分合并成一个物体，然后选择如图 5-136 所示的线段，准备斜切。

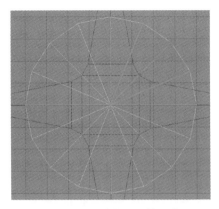

图 5-133　确定圆柱体边数

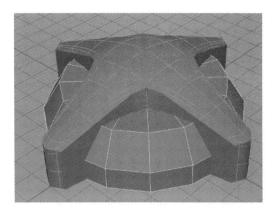

图 5-134　调整第二个几何体

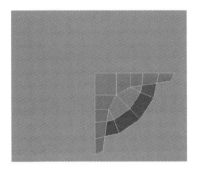

图 5-135　零件的四分之一部分

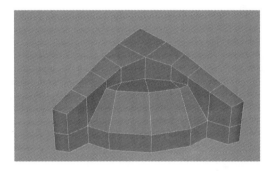

图 5-136　斜切部分的线段

　　如图 5-137 所示，斜切后，因为线段比较紧密，会影响斜面的平滑程度（图 5-137），所以将部分线段重新布置，如图 5-138 所示。

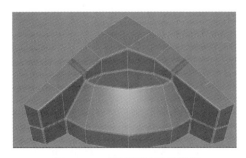

图 5-137　斜切后过密的线段

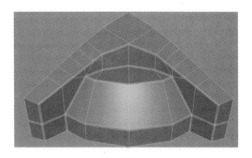

图 5-138　斜切后的四分之一零件

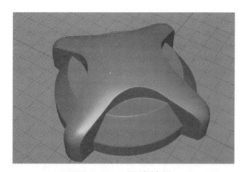

图 5-139　最终效果

然后复制，并镜像，合并成一个物体，并融合重合点，最终效果如图 5-139 所示。

5.11　构成物体的单元为非简单几何体的建模方式

图 5-140 是要建模的物体的三视图。

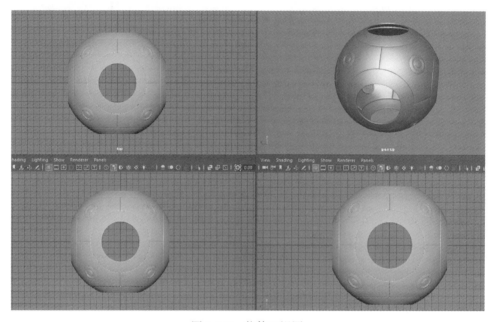

图 5-140　物体三视图

5.11.1　分析

虽然外形是球体，但具有立方体六个面相同的特征，分析每个重复单元结构，其布线可以参考图 5-141。所以可以通过建立立方体来制作，而不应该用球体作为基础开始制作。

图 5-141　基本单元布线分析

5.11.2　创建主面板

建立细分为 8×8×8 的立方体，用 Deform>Sculpt 将其变换成球形，将施加的变形放大成球体，如图 5-142 所示，然后删除历史。创建三个圆柱并使它们形成正交形状，并将圆柱体设为 16 边形。将其设为 16 边形主要是为了让每条边和球体上的布线较为吻合，如图 5-143 所示。

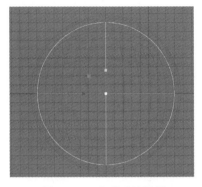

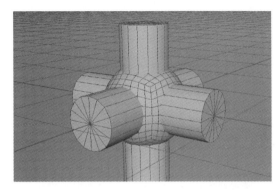

图 5-142　变形后的效果　　　　　图 5-143　建立三个正交的 16 边形圆柱体

将球体通过布尔运算减去三个圆柱体（图 5-144），然后删除面，留下八分之一单元，如图 5-145 所示。

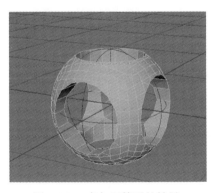

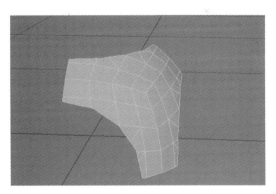

图 5-144　布尔运算后的结果　　　　　图 5-145　八分之一面

将这部分面进行整理，删除多余线段，然后逆时针旋转 45°，使其正面正对 Z 轴，如图 5-146 所示。

再创建一个圆柱体，根据布线将圆柱体边数确定为 6，并将其沿 Y 轴旋转 30°，使其在垂直方向上的线段与球形片段部分一致。然后冻结 Transformations，将其通过锁定点移到球形片段的正中心位置。然后将其方向旋转为垂直于球形表面，删除历史并冻结 Transformations，如图 5-147 所示。然后将这两个物体复制并移到旁边，对原始部分进行布尔减法运算。将结果整理后，移到后面，然后将复制部分移回原处并做相交布尔运算，并整理，如图 5-148 所示。

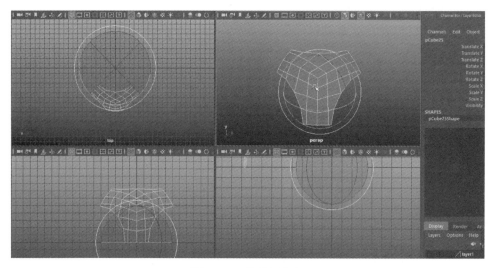

图 5-146　整理好方向

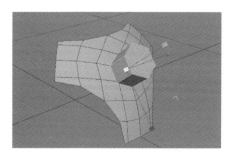

图 5-147　对齐后的两个物体

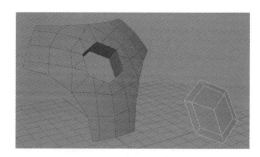

图 5-148　布尔运算后的物体

　　整理线段，并把两部分物体都还原到初始位置，如图 5-149 所示。选择部件周边线段，进行 Extrude 操作，如图 5-150 所示。

　　继续 Extrude，并对角部交叠部分进行整理，如图 5-151 所示。继续 Extrude，并整理，然后调节成如图 5-152 所示的面，以便后面更好地对布线进行整理。

　　将空缺的面补充上，结果如图 5-153 所示，然后选择如图 5-154 所示线段，准备斜切操作。

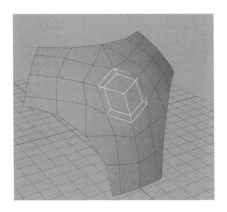

图 5-149　位置还原后的模型

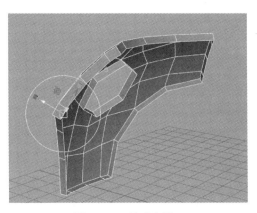

图 5-150　基础边缘

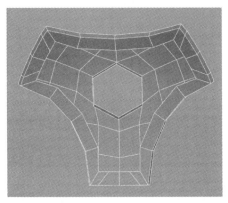

图 5-151　角部交叠部分整理好后的部件

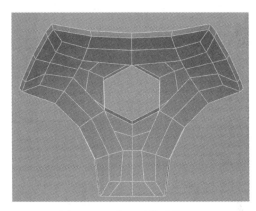

图 5-152　整理后的形状

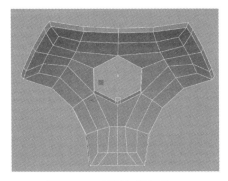

图 5-153　封闭好的部件

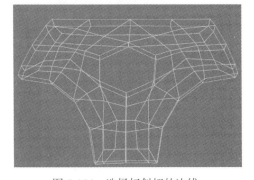

图 5-154　选择好斜切的边线

　　将 Offset As Fraction 设为 Off，Offset 设为 0.03，Segment 设为 2，如图 5-155 所示。选择小的圆柱盖的周边线，执行 Extrude，按 W 键进入移动模式，按住 D

键，选择盖子中心点，使坐标轴与中心的法线一致，然后移动，如图 5-156 所示。

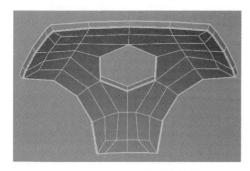

图 5-155　斜切完成后的效果

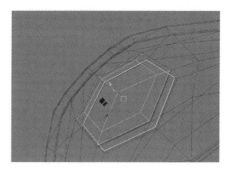

图 5-156　挤出盖子边缘厚度

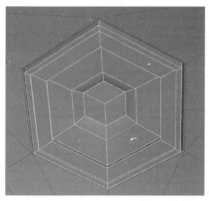

图 5-157　完成内部造型后的盖子

继续 Extrude 操作，并进行移动缩放，执行 Fill Hole 将孔洞填上，然后选择面执行 Poke 指令并删除线段形成四边形，如图 5-157 所示。

选择各个转角处的线段，准备斜切操作，如图 5-158 所示。斜切后将 Offset 设为 0.01，Segment 设为 2，Offset As Fraction 设为 Off，如图 5-159 所示。

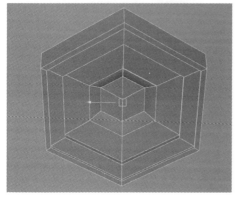

图 5-158　选择斜切的线段

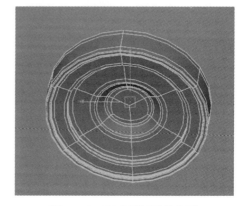

图 5-159　完成斜切后的盖子

将盖子的正面加入线段，然后选择如图 5-160 所示的面，准备 Extrude 操作，完成后，选择线段准备斜切，如图 5-161 所示。

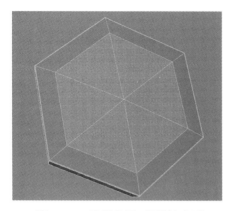

图 5-160　选择盖子正面增加细节

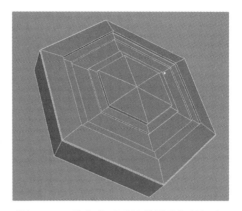

图 5-161　给完成正面的盖子准备斜切边

然后将两部分合并成一个物体，如图 5-162 所示，将单元复制三次，并将其旋转成为要创建物体的一半，如图 5-163 所示。

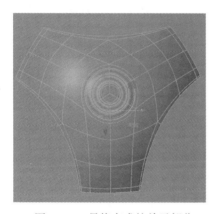

图 5-162　最终完成的单元部分

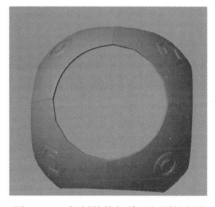

图 5-163　复制其他与单元相同的部分

5.11.3　构建环状部件

再创建一个球体，将球体的 Subdivsion Axis 设为 16，与所建单元布线对应一致，如图 5-164 所示，然后将 Subdivisions Hight 设为 26，使球形划分在部件的顶部有一致的线段，如图 5-165 所示。

删除球体多余的面，只保留球冠上的一边环，如图 5-166 所示。

将顶部所有边线部分进行斜切，将 Offset As Fraction 设为 Off，Segment 设为 2，Offset 设为 0.03，删除物体历史，并复制完成，如图 5-167 所示。

图 5-164　创建球体

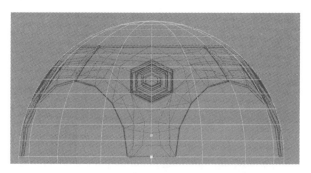

图 5-165　设定球体 Subdivision Hight 数量

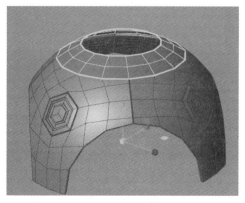

图 5-166　完成零件的第二个单元基本形状

图 5-167　完成其他相同单元的复制

第 6 章
汽 车 建 模

6.1 建模前的准备

在本章中，我们将创建一辆小汽车，学习汽车建模技巧，这种方法可以用在任何交通工具的建模上。在开始建模之前，必须先收集参考资料。没有参考资料，精确地表现自己要创造的事物将非常困难。所以尽可能多地收集各种角度的实物图片来帮助建模是非常必要的。如果你打算利用建好的模型制作动画的话，那么视频资料也非常重要。如果经济条件允许的话，运用一些实物模型也非常有益。

6.1.1 参考平面的设置

第一步就是在网站上找到图纸。然后在 Photoshop 软件上进行裁剪处理。这样可以将图纸加工成与各个视图相对应的参考图片。使用高分辨率的参考图像可以加快完成工作。在每个平面视窗选择 Panel>Orthographic>New，然后选择对应的平面视图。

下一步就是在每个视窗中选择 View>Image Plane>Import Image，然后将裁剪好的各个参考图片相应输入各个视图中，如图 6-1 所示。

除非在 Photoshop 软件中旋转了顶视参考图片，否则前视图实际上就是现实汽车的侧面。另外，汽车参考影像的前视图和后视图都要在侧视窗中显示，如图 6-2 所示。

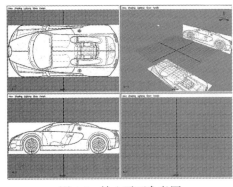

图 6-1　输入平面参考图

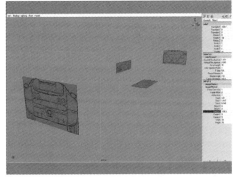

图 6-2　安排汽车的前面与后面图像

在 View>Predefined Bookmarks 下面，有左侧面和右侧面选项。左侧面显示汽车的前视参考图像，右侧面则显示汽车背后的参考图像。背后的影像也需要放到左侧相机后面，这可以用 Centre X 属性做到。这意味着汽车前面的影像需要放到右侧相机的后面。

根据个人的习惯，视窗界面可以有不同设置，笔者更愿意将图纸底色调暗，这样可以更容易看到图纸上的线条。在透视图中选择影像平面，然后在属性编辑器的 Image Plane1（数字要看你命名是多少）栏中移动 "Colour Gain" 滑轨，使图像变为深灰色，对其他属性试图做同样调整，如图 6-3 所示。

为了与侧视和顶视图排列一致，前后影像都需要缩放。我们用 Polygon 平面作为标示，这样就知道缩放多少。为了缩放前视图影像，将 Polygon 平面与汽车侧面影像主要的点对齐：汽车顶部、底部以及车盖。通过调整 Image Plane 中摄像机的宽度和高度参数，能很好地指示我们应将汽车前后影像缩放多少，如图 6-4 所示。

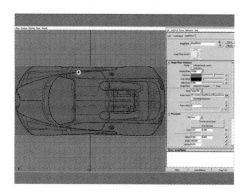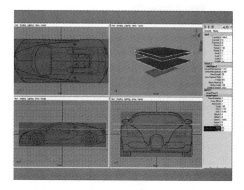

图 6-3　调整图像颜色　　　　　　　图 6-4　对齐各个视图的参考影像

在侧视图中有三个 Polygon 平面，这样能看到前视图影像平面有多大，也可以通过调整 Centre X、Y、Z 的属性来重新安排影像平面的位置。重复这些步骤，直到将所有参考影像平面对齐。

6.1.2　绘制轮廓线

一旦这些都调整好后，可以将所有影像平面加入一个新建立的层。然后将层设为 Reference，这样就能看到影像平面，但不能选择它们。最后，将视窗切换到四个窗口显示，再下面就开始汽车轮廓线的绘制了。

我们可以先根据汽车的主要轮廓线来建立一个曲线网，这个比较简单，可以从任意位置开始。首先从顶部开始，然后完成整个汽车的网络曲线。注意尽量在四个窗口中观察曲线，这样能保证曲线与汽车的轮廓线吻合，并尽可能地用较少的点来绘制曲线。

任何图纸都不是百分之百的精确，所以既要选择影像平面作为矫正曲线的依据，也要注意与其他影像平面中的参考图大体一致。

如图 6-5 所示，完成轮廓曲线，并复制镜像曲线，这样就看到车的整体效果了。当然，我们只需要一半曲线，所以可以删除对称的另一半。注意还没画出前面的进气口以及背后的挡风板，这些可以在后面加上去。

如图 6-6 所示，汽车的一半轮廓线已经完成，这更容易看出侧面通气孔是如何描绘出来的。

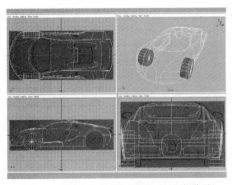

图 6-5　通过参考图画出汽车轮廓曲线

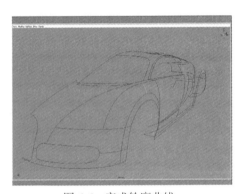

图 6-6　完成轮廓曲线

两条高亮的线条帮助我们勾勒出汽车的曲线。因为并不是所有的特性都反映在蓝图上，所以侧面的排气孔是用收集来的参考图片创建出来的。

6.2　开始车体建模

完成汽车轮廓线后，下面的任务就是获得基本的几何形体。

6.2.1　从门开始

用创建 Polygon 工具，并通过已创建好的曲线来锁定车门的四个角。记住创建多边形时总是逆时针，这样法线才会是向外的，如图 6-7 所示。

用画好的轮廓线作为参照，将多边形进行划分，尽量保持划分均匀，并将它调整为车门的形状。若太早加入太多细节，会使调整控制更困难，而且当对曲面进行光滑修改时，容易产生凹凸不平的瑕疵。用 Split Polygon Tool（Mult-Cut）或者 Split Edge Ring Tool 划分表面，并调整点来适合曲面的形状，如图 6-8 所示。

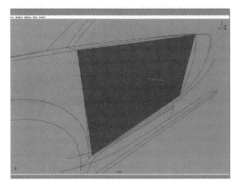

图 6-7　建立门

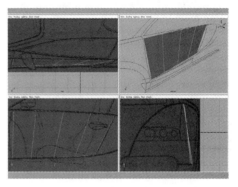

图 6-8　将门进行划分

划分表面的过程如图 6-9 所示。注意靠近车门顶部的线段应更紧密一些，这是因为车门在顶部非常突出，然后逐渐向里收到底部。快速发现凹痕的方法就是查看成行的点，看看这些点是否均匀分布在曲面上。

注意看图 6-10，可以发现在左边表面上有两个高亮显示的点，它们没有跟随几何面的走向，这将会形成凹坑。右边表面就很平滑地遵从表面上线段的走向，这样就会有很光滑的效果。

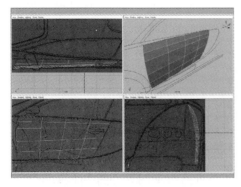

图 6-9　车门细分

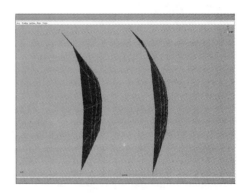

图 6-10　调整凹坑

车门的制作最后就是选取顶上的边线，然后向外 Extrude，不必在意新挤压出的边线到什么地方，因为我们会将其锁定到车门顶部的轮廓线上，如图 6-11 所示。

选取门后部的边线，向外执行 Extrude，同样不必介意挤压到什么位置。然后沿着曲线锁定这些新的点，从而形成侧面的面板，如图 6-12 所示。

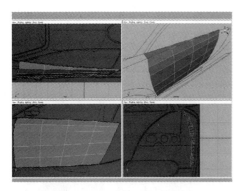

图 6-11　挤出车门顶部

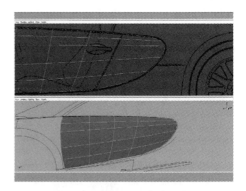

图 6-12　挤出门后部的面板

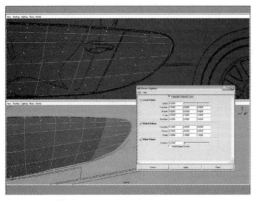

图 6-13　分离出车门后面板

最后一步就是选择高亮的面并 Extract。注意 Separate Extracted Faces 要勾选，这样会使选择的面形成一个新的物体，如图 6-13 所示。

6.2.2　车顶部

顶棚的后部是一个半圆的下沉部分，我们先集中精力完成这部分，其余部分会进行得更顺利一些。首先利用曲线做参考并检查其是否与参考图像大体一致，创建一个半圆形状，这个可以先创建一个 Polygon，然后用 Append 添补或者 Extrude 直到大约 10 个面，形状与轮廓线基本吻合。这个形状的内边缘应该略微下沉点，如图 6-14 所示。选择除了两端最靠外的线段的所有内侧边线，然后向里 Extrude，尽量保持所有点间隔均匀并形成连续曲线。从图 6-15 中可以看出，高亮显示的边线就是新 Extrude 出来的。

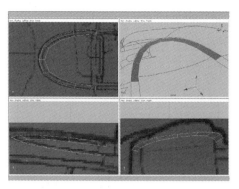

图 6-14　创建车顶棚第一组多边形

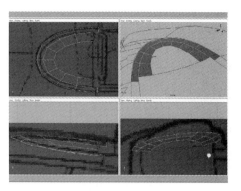

图 6-15　扩展车顶棚面

用 Append Polygon Tool 创建两个面，然后划分这两个新的多边形，继续使用添加面填补孔洞，如图 6-16 所示。调整新的这些点直到与图 6-17 相似。目的是为了保持形状以圆形均匀向中心下沉。对高亮度的边线进行 Extrude 操作，并将它们锁定在参考轮廓线上。

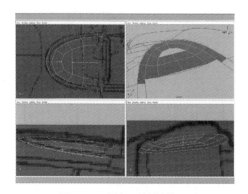

图 6-16　添加面并划分

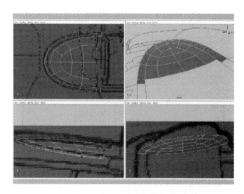

图 6-17　完成顶部下沉部分

继续执行 Extrude 操作，划分增加细节并以参考曲线为锁定目标，如图 6-18 所示。最后得到与图 6-19 相似的表面。

选择高亮显示的边线，准备 Extrude 操作，如图 6-20 所示。挤出新的面后，选择这些新的面并 Extract，然后将它们锁定到参考曲线上，如图 6-21 所示。

6.2.3　车体前部面板

下面几个曲面的建立和上述方法一样，只需记住用参考曲线并逐步均匀地建立细节即可。图 6-22 展示的是前面板的建立，图 6-23 展示的是前保险杠的建立。

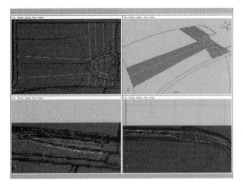
图 6-18　扩充车顶棚

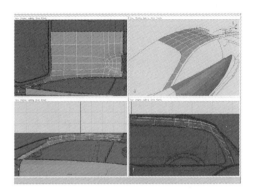
图 6-19　完成车顶棚前半部分

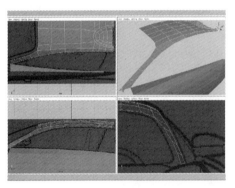
图 6-20　选择面边缘线

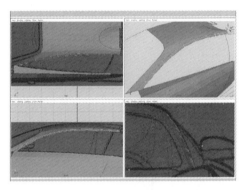
图 6-21　新分离出来的面

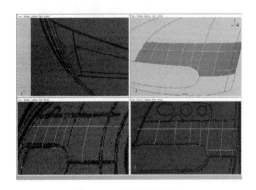
图 6-22　汽车前面板

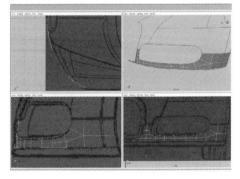
图 6-23　保险杠

前挡板的制作稍微麻烦，所以要多加注意，不能太急。首先从一个环形的面开始做出车轮的拱形，如图 6-24 所示。用 Extrude 产生高亮的面（图 6-25）将接近门的点锁定到车门上，但不要合并。

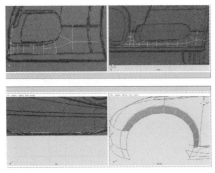

图 6-24　车轮挡板部分

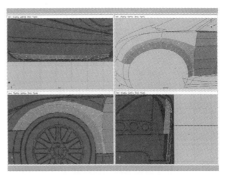

图 6-25　扩大车轮挡板

再用 Extrude 操作两次，调整如图 6-26 所示，保持形状的流畅，完成上部车轮挡板。如果观察前挡板参考图，会发现表面上有些褶皱，这是因为 Extrude 向外比较远，在增加面上细节之前，直接将其锁定在参考线上。记住为车灯处留出间隙，如图 6-27 所示。

图 6-26　完成上部车轮挡板

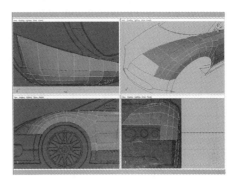

图 6-27　部分车前盖

最后要做的是围绕车灯处 Extrude 边线，增加细节并调整车灯周边这些边线以适应前挡板形状，如图 6-28 所示。最后完成车灯周边形状，如图 6-29 所示。

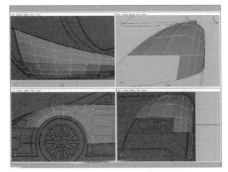

图 6-28　给部分车前盖添加细节

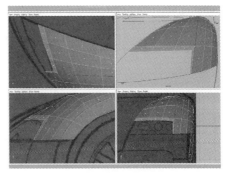

图 6-29　挤出车灯周边面

图 6-30　实际车体效果

6.2.4　车体后部面板

后挡板可能是最难制作的部分，因为在几个方向上都要保持顺滑。在做轮子上的拱形突出之前，注意在门上方挡板是如何弯曲的。要想获得正确的形状，可以参照与图 6-30 所示车型类似的更多照片。

从轮子上面拱形和侧面进气孔顶上的曲线开始，两条高亮显示的曲线强调前面挡泥板的曲率，如图 6-31 所示。依照汽车曲线向前挤出挡板前部，如图 6-32 所示。

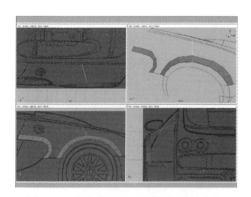

图 6-31　高亮曲线表现位置之间的曲率

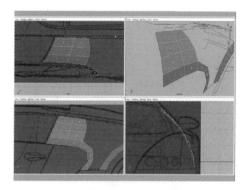

图 6-32　依照曲线挤出部分面

挤出挡板后部边线并整形，尽量将轮子拱形突出建出来，同时保持多边形分布整齐，如图 6-33 所示。一旦完成两个面后，就用 Combine 指令合并这两个面，并将面之间填充起来。记住在塑造车轮拱形突出部分的时候，同时要保持挡板前部光滑，如图 6-34 所示。

为了完成背后挡板，选择绕轮子拱形边线并且向内挤出，然后锁定到曲线上，如图 6-35 所示。后面板非常简单，基本上沿着细长区域布局面即可，为了微微产生曲面，需要把高亮显示的中间线段上拉一点。继续完成背后区域，保持好的曲率，如图 6-36 所示。

背后挡板下面的面板制作也非常简单，只需用学过的技巧完成即可，如图 6-37 和图 6-38 所示。

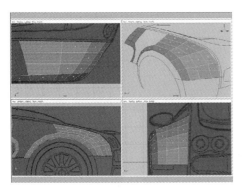

图 6-33 挡泥板后部挤出的面

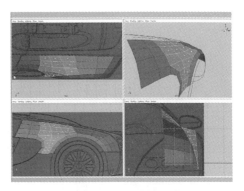

图 6-34 补充中间空隙

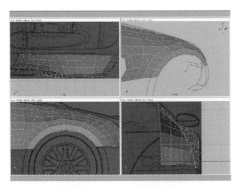

图 6-35 补充轮子侧面

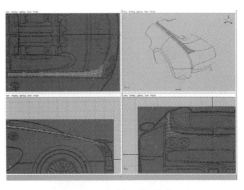

图 6-36 保持面板曲率

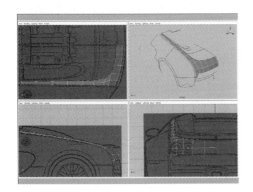

图 6-37 面板延伸到背后

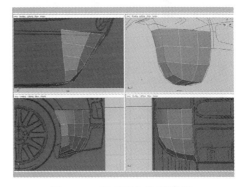

图 6-38 背后下方的挡泥板

完成车后的细长条模型，如图 6-39 所示。不必担心留下的缝隙，在做光滑处理时会解决这些问题。

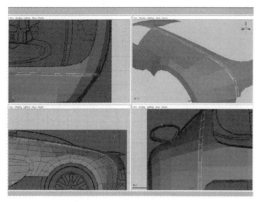

图 6-39　后部狭长面板

6.3　给面板增加厚度

首先应该删除前面模型的历史，因为到目前为止，大量地划分了多边形以及调整点，便积累了大量的历史。删除这些历史意味着 Maya 不需要计算大量的数据，不至于让系统运行得越来越慢。

6.3.1　进气口前的准备工作

我们从创建具有大进气口的侧挡板开始制作。选择前挡板轮子拱形处的两条边线，然后向下执行 Extrude 指令。如图 6-40 所示，锁定新的点到侧面板的曲线上，分离新产生的面，形成分隔开的物体，如图 6-41 所示。

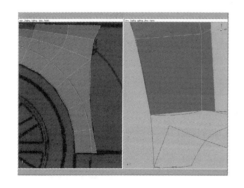

图 6-40　前轮挡泥板

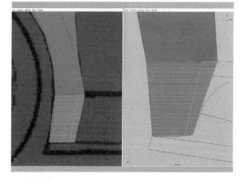

图 6-41　分离挡泥板底部

按照汽车的轮廓增加一些划分，为了使面微微有些弯曲，将高亮显示的边线稍微向外调整，如图 6-42 所示。通过锁定到参考曲线，继续向后面轮子执行 Extrude，如图 6-43 所示。

确信保持侧面板稍稍偏离车门，向后和向下通过 Extrude 挤出面，如图 6-44 所示。继续挤压面，调整形状，如图 6-45 所示。

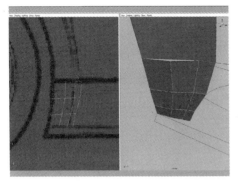

图 6-42　整曲率

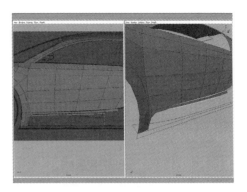

图 6-43　底部面板

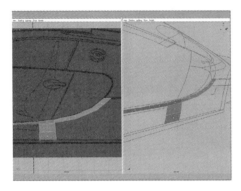

图 6-44　扩充面板范围

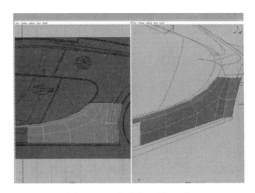

图 6-45　完成门后部面板

6.3.2　进气口的建立

在继续往下进行之前，先对做好的多边形进行一些光滑处理，如图 6-46 所示。现在着手对进气孔进行操作，如果想保持模型面都为四边形的话，那么这块面将尤为棘手。理想状态下创建的任何模型都是由四边形面组成的，因为这样光滑操作更可控。通过创建几个挤出面来塑造粗略的进气孔的形状，高亮显示的面表示新挤压出的面。加入一个模仿车轮的圆柱体，用来显示进气孔在车体下外摆有多少距离，如图 6-47 所示。

选择高亮显示的边线，向内挤压，如图 6-48 所示。挤出厚度如图 6-49 所示。

选择高亮显示的三个点，然后锁定并合并到图 6-50 右图所示的边上高亮显示的点上。

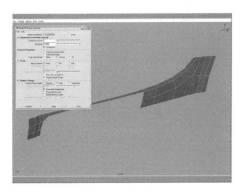

图 6-46　光滑处理

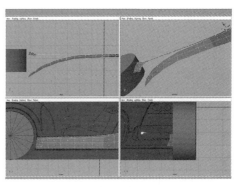

图 6-47　用圆柱体表示参照车轮

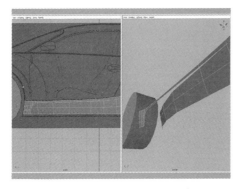

图 6-48　选择车门底部面板边缘线段

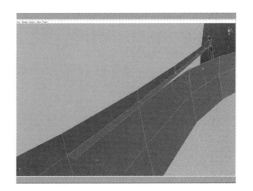

图 6-49　向内挤出厚度

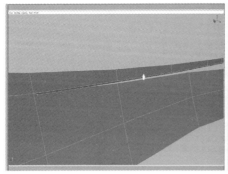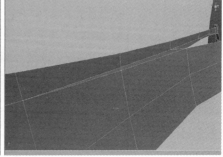

图 6-50　合并点修改形状

　　用 Append to Polygon Tool 填补间隙，如图 6-51 所示。为了保持边线均匀分布，对边线进行 Bevel 操作，这也是为了多创建一条边线来为上侧通风口做准备。将新产生的点稍作调整以适应车的形状，如图 6-52 所示。

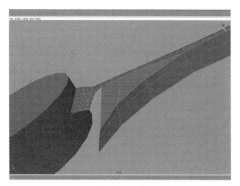

图 6-51　填充孔洞

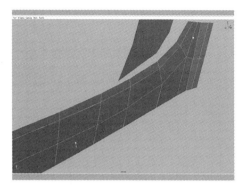

图 6-52　通过斜切增加线段

图 6-53 所示的边线是挤压创建出来的，调整新的点，达到与图 6-54 相似的形状，重要的是要有一个很好的门沿和上进气口。

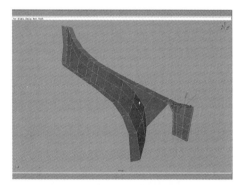

图 6-53　创建整个进气口面板厚度

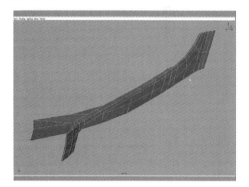

图 6-54　调整形状

向里挤出边线，整理内侧形状，如图 6-55 所示。通过挤出内侧通气孔最后的边创建新的面，然后将高亮显示的点锁定到最接近的点上，将会产生一个三角面，如图 6-56 所示。

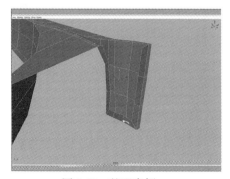

图 6-55　整理内侧

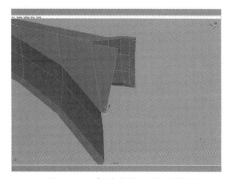

图 6-56　合并点产生的三角面

创建高亮显示的线，这会产生两个三角面，通过去掉对角线可以形成一个四边形面，如图 6-57 所示。然后，将图 6-58 中左边的点合并到右边的点。

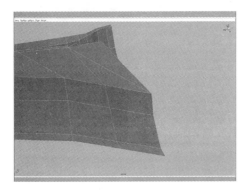 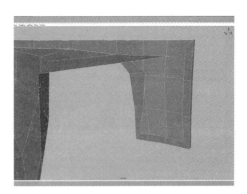

图 6-57　修改三角形　　　　　　　图 6-58　通过合并点连接面

我们对外边缘以及进气口边线都执行 Bevel。选择所有外边缘，也确认选择角，如图 6-59 所示。

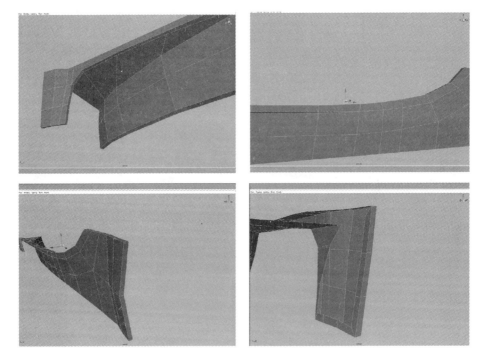

图 6-59　选择边缘线段斜切

用 Bevel 指令默认设置斜切上面选择的边线。然后合并图 6-60 中所示的点，因为三角面会使多边形物体产生错误。

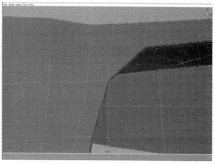

图 6-60 斜切完成后整理

为了便于整理，我们将对多边形进行一系列分割，使它们都表现为四边形面（这部分可能不容易理解，所以大家可以多看图片，并体会实施的操作，思考为什么这样做）。合并两个选择的点，如图 6-61 所示。向外移动产生的边线，调整点以适合几何体，如图 6-62 所示。

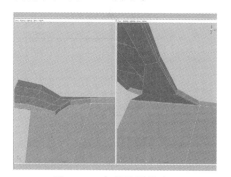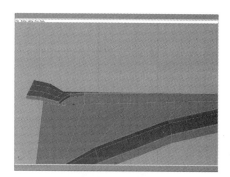

图 6-61 合并选择的点   图 6-62 调整线段

删除所选择的边，如图 6-63 所示。插入所显示的边，这将使进气口处的角上的三角形转变成四边形，如图 6-64 所示。

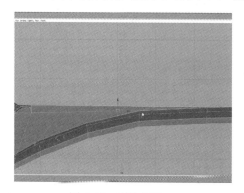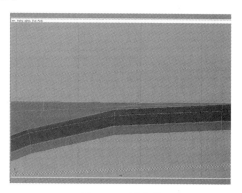

图 6-63 删除线段   图 6-64 插入线

插入两条线，同时也产生了两个三角形，如图 6-65 所示。为了解决三角形问题，可以将多边形进行划分，如图 6-66 所示。

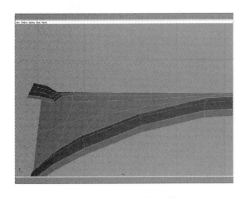

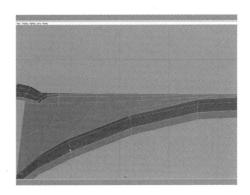

图 6-65　插入两条线段　　　　　　图 6-66　修复三角形

现在模型最重要的部分是由四边形构成的，而三角形都隐藏在我们看不到的地方，如图 6-67 所示。因为我们划分了一些面，同时也删除了一些边线，所以下一步要做的就是整理模型。一旦模型整理好，就选择高亮显示的环线进行斜切操作，如图 6-68 所示。

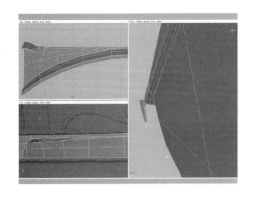

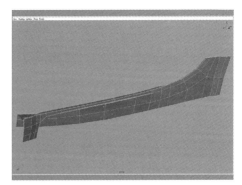

图 6-67　整理模型　　　　　　　　图 6-68　通过斜切添加线段

然后移动点，前拱形大部分点产生渐变的折痕，如图 6-69 所示。

6.3.3　调整布线

在处理挡板时，首先以一个光滑效果显示来察看模型。我们可以赋予它一个 Blinn 材质来观察光滑效果。在本章的前面，我们提到后挡板如何在几个方向上保持顺滑，并且当围绕着光滑显示的物体进行旋转观察时，很明显在初始网格处有许多凹痕。

在这里，修正这个问题的最好办法就是改正多边形的走向，因为很容易产生扭曲的走向。

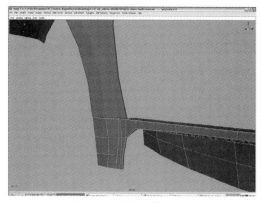

图 6-69　调整点做出折痕

　　首先删除高亮显示的线，如图 6-70 所示。确认用 Delete Edges Tool 而不要简单地用键盘上的删除键，否则线是被删除了，但会留下点。我们也可以使用 Ctrl+Delete 的快捷方式来删除。我们再次划分多边形来获得初始的走向，然后整理新的插入点。图 6-70 中删除的线会产生五边形，这样会影响我们对模型做光滑处理。然后通过如图 6-71 所示的划分，让其成为四边形。

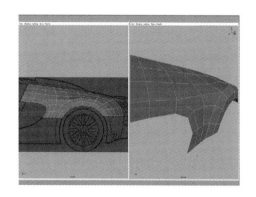

图 6-70　删除选择的线

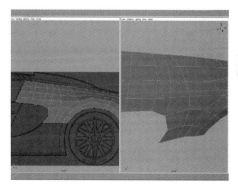

图 6-71　插入线修改五边形

　　如图 6-72 所示，插入新的线，注意新的三角形也产生了，我们将对其进行修正，从三角形顶角到汽车背后进行划分，如图 6-73 所示。

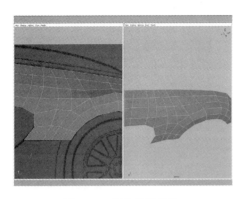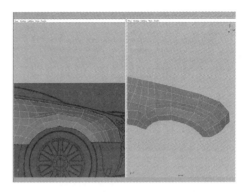

图 6-72　插入新的线段　　　　　　　　图 6-73　水平方向也插入线段

最后删除图 6-74 中高亮显示的边线，将得到都是四边形的模型。现在模型整体更整齐、更接近真实汽车，但如果用光滑模式检查一下模型，会发现有许多折痕。这是由于加入了许多新的细节而且当时没有很好地整理，所以有些线段靠得太近而产生了褶皱。花些时间清理模型，尽量让点分布均匀，同时保持几何体线网有很好的走向。确认在这个过程中使用的参考曲线以及图纸和参考图片，也要记住切换不光滑模式和光滑模式显示，用不同角度检查每行或列的走向。此时我们发现会拉出一些点而偏离了设计图，这是因为实际模型在光滑处理时有些缩小。

如图 6-75 所示，选取所有的边线，在法线方向执行 Extrude（应该是沿着 Z 轴），这是默认的挤出模式，能产生无须清理的结果。这不同于沿着设置轴挤压的全局模式。

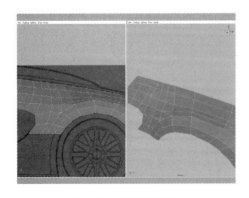

图 6-74　消除三角形　　　　　　　　　图 6-75　选择边界线段做出厚度

　　下面我们将挤压一些内部的边线，所以选择边线再以法线模式向里挤压，如图 6-76 所示。稍稍调整新产生的点，因为它们不容易被注意到，所以不必要花太多时间。我们挤压这些线是为了在面板内侧创建一定的深度。选择所有外侧边缘线以及角部的内侧边线，执行斜切操作，如图 6-77 所示。

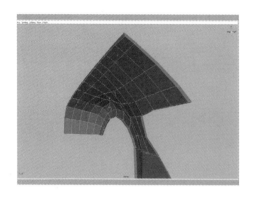

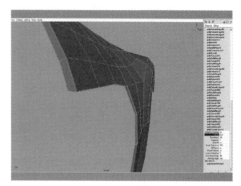

图 6-76　完善内侧边　　　　　　　图 6-77　对边角进行斜切

　　尽量斜切到一个小的尺寸，清除三角面。最后调整到沿着轮拱斜切，从而创建图 6-78 中的硬边。

　　选择所有外缘线，向后挤出，但稍微向 Z 方向一点，然后挤出这些新的边线形成一定深度，如图 6-79 所示。

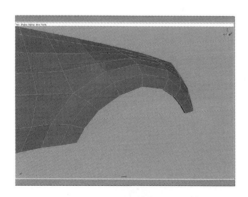

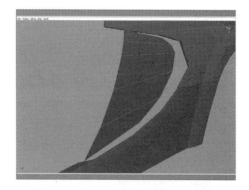

图 6-78　斜切出硬边　　　　　　　图 6-79　侧进气孔面板

　　选取所有外缘边线以及角部边线，进行斜切操作，如图 6-80 所示。
　　在板面上加几条垂直方向的划分线，使其均匀分布，如图 6-81 所示。

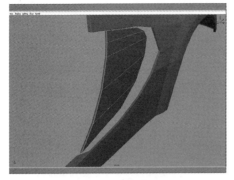

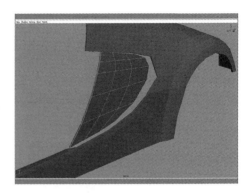

图 6-80　斜切边　　　　　　　　　　　　　　图 6-81　划分面板

6.3.4　细化面板

　　门的建模是非常简单的，与上面的步骤相似。笔者推荐复制车门，把没有编辑过的模型放到一个新图层里面。这是因为此处展示的是如何创建没有内侧的车门（或者说一个永远不会打开的车门），这样能看到车门外部是如何创建的。然而，当我们打算进行内饰建模时，很可能用这外部车门来开始车门内侧的建模，然后再次加上斜切操作。所以，现在只选取所有外部边线以法线模式沿着 Z 方向挤出。选取所有轮廓边线以及角上的边线，执行斜切操作。沿着安置侧视镜的门一侧，选择边线，也做斜切操作，因为这里是一条硬边。为了保持斜切效果精致、漂亮，最后在车门边缘附近再加两条垂直线，然后加上光滑显示，如图 6-82 所示。

　　然后开始前挡板的制作。因为光滑后更容易工作，将多边形的走向稍微改变一点，如图 6-83 所示，插入一根线，然后将它移动一点，保持轮拱的弧度。

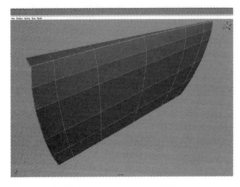

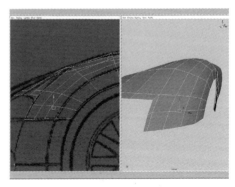

图 6-82　斜切边缘后的门　　　　　　　　　　图 6-83　调整前轮拱的弧度

完成这些操作后，可以检查门前后与面板之间的间隙。可以在光滑模式下，选择一串点进行移动调整。

选取两个点依次将它们锁定到右边的顶点，这样我们可以在挡板上创建折痕并且使前车灯塑形更容易。多花点时间重新调整点的分布，使挡板在光滑后更美观，如图 6-84 所示。

选取最接近车盖的几条线，稍微往下拉出，这样就能够做出车盖下的凹槽。从图 6-85 可以看出这条新边的位置和它需要调整的距离。调整这条线的距离有两种用途：第一，它可使得这一块模型和车盖之间的间隙消失，因为车盖会拉到前面挡板的上面。第二，如果想对底部建模，它则提供了一个起始点。

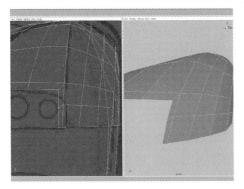

图 6-84　调整前车灯周边的点

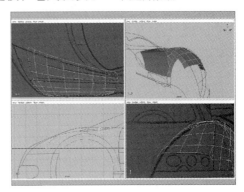

图 6-85　拉出顶盖侧面

选取这个几何体边缘上所有的线，然后向 Z 轴拉出，不用过于拉长，能创建出一些宽度即可。然后拉取新创建出的线，向 Z 轴的法线拉取，用来创建这块模型内部的深度。接下来选取所有边缘上的线，把所有的角斜切。把光滑的物体快速地检查一遍，然后清除任何因斜切带来的不合适的点。选择图 6-86 中的线，然后用斜切指令来创建出车盖下尖锐的线。选取图 6-87 中的线（注意车

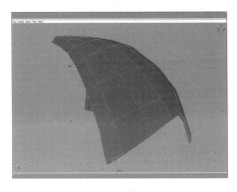

图 6-86　斜切边

图 6-87　选中线段斜切

灯旁的线并没有被选中）并执行另一个斜切指令。

把表面整理一下，使得图 6-88 中高亮显示的点由两个点组成，这样一来，这块模型的三角面就会被消除。最后把轮子弧边的线斜切一遍，并且在这些面的中部再加上一条线，用来加上一点圆滑度，然后在边上对齐，如图 6-89 所示。

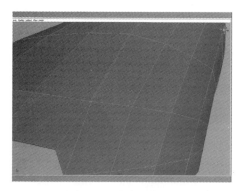

图 6-88　消除三角面

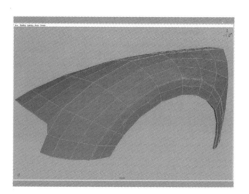

图 6-89　给轮拱侧面增加细节

6.3.5　车顶棚

从车顶棚尾部做起，如图 6-90 所示，选取这三条线并将其拉到接近这块模型的边缘，取消选取离车中央最远的线，并且把剩下的两条线拉向车顶。

取消选取那条线是因为它可以用来做出车顶的边缘。把那些不多的点调整一下，然后选取这条线拉取两次，使得它能和拉出来的那些点排在一起。接下来锁定每个点到它们对应的点。随着车顶的弧线，确保一个接一个地调整。

将刚才做出的那些面分成两半来进一步调整。图 6-91 表示制作的网格的样

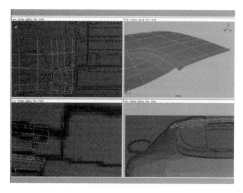

图 6-90　延伸车顶棚

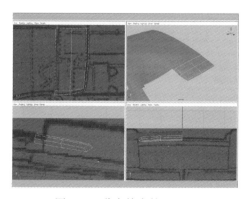

图 6-91　分离挤出的面

子，此时应把新基础的面从原来的车顶中分离出来。

把这些线拉到最低点，在刚选中的线旁边。锁定高光显示的点，然后把这些新的点拉取并锁定到这两条线的后面。把这些点锁定到这个新的面上，把浮点也锁定到侧面的点上，如图 6-92 所示。

斜切整个盒状的物体，并且执行光滑显示，如图 6-93 所示。

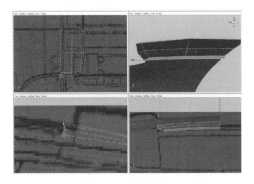
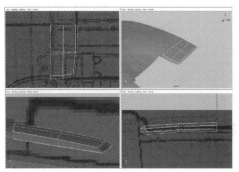

图 6-92　调整点　　　　　　　　　　图 6-93　光滑后的面板

选取这条车底的线，如图 6-94 所示，向汽车的中央挤出两次。把它和车顶的模块对齐，然后用多边形指令来填充空隙。

选取这些高亮显示的线，注意这一部分在模块的底下，向下拉取然后调整边线以能让它规划出车窗的边缘，如图 6-95 所示。

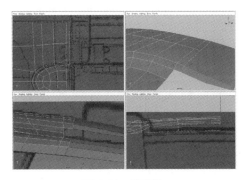
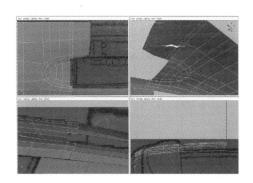

图 6-94　挤出边　　　　　　　　　　图 6-95　拉出厚度

先把这些线往后挤出，然后向上挤出以做出窗户的边界，向 Z 轴的法线挤出剩下的外围线。之后锁定这些点到角上把空隙补上，如图 6-96 所示。

选取所有的线，包括这些角上和车顶的。然后用斜切指令来做出介于每个车体面板之间的凹槽。再次斜切这些线，用来做出后车窗的边界，如图 6-97 所示。也许在后面会出现一些棘手的网格错误，不必担心，因为后面的空间会遮住这些。

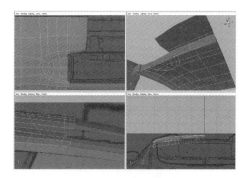

图 6-96 挤出新的面

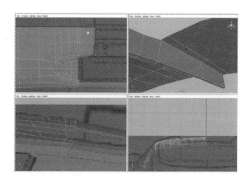

图 6-97 斜切边线

选取那些后面凹进部分的线，然后斜切，如图 6-98 所示。现在做简单的整理，锁定所有出错的点并合并任何有空隙的面板，这块面板可能比较复杂，所以每当遇到这种情况，要花些时间来把它调整好。

为了把凹进角落部分的尖端清理好，笔者加了这些高亮显示的边。每当这个时候，笔者会较早地使用一次光滑来保持调整时模型介于光滑和不光滑的网格之间，如图 6-99 所示。

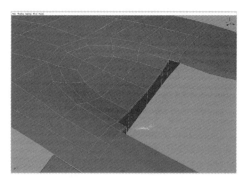

图 6-98 调整面板

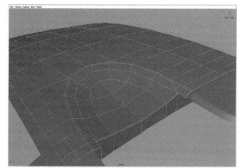

图 6-99 加入线

现在我们把注意力放到完成车的后部，然后再完成车盖和前面的挡板，以创造出更多的细节。车的后面比较复杂，要注意多准备参考实例并且充分利用时间。最麻烦的部分就是遮盖发动机的两块隆起部分，所以从这个部位做起。

调出一个基础圆筒并改变它细分到 8。沿着 Z 轴旋转 90°，再沿着 Y 轴旋转 22.5°。调整圆筒离隆起部分线上的大小和距离，然后删除底下的三片面和两片中间的面，完成后应得到如图 6-100 所示的结果。

　　把上面的那一块再多划分两部分，把它们塑造成自己的蓝图或实例里的样子，如图 6-101 所示。

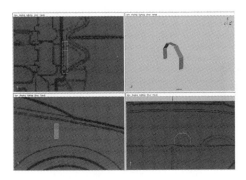
图 6-100　创建圆柱并修改

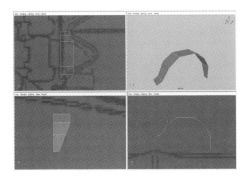
图 6-101　改变形状

　　继续调整这部分的每个方向。挤出面、缩放、拉伸，如图 6-102 所示。

　　此时正适合用一个光滑显示来保证所做的模型与实物形状一致。忽略网格并不是四边形的问题，这个问题之后再来解决，我们现在只需要一个大概的形状。在任何模型的早期使用光滑显示，会给所做的模型一个大概的走向，这一项技巧经常被用到，如图 6-103 所示。

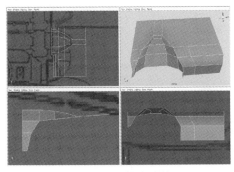
图 6-102　扩充形状

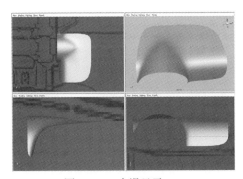
图 6-103　光滑显示

　　加上下一个隆起部分，然后继续调整它，注意记得不时地光滑网格。记住每次的调整点，每一个模型都需要很多次修正来让它看起来真实，如图 6-104 所示。

下面开始做从出气口到车顶的隆起部分，注意用已经有的几个面板做参考，如图 6-105 所示。

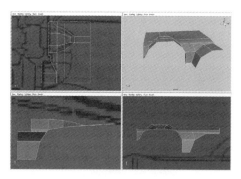

图 6-104　继续扩充

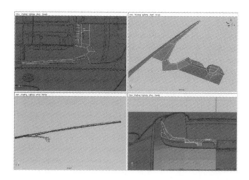

图 6-105　增加出气口到车顶的部分

继续调整面板，然后加入更多的形状直到它看起来如图 6-106 所示。

现在可以把这个后面板连接到原有的后面板上，并且合并覆盖上去的点，如图 6-107 所示。

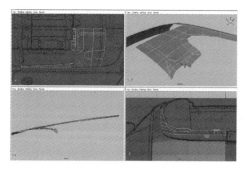

图 6-106　继续调整面板

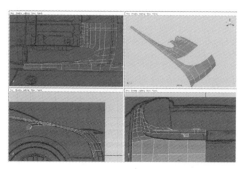

图 6-107　连接两个面板并调整

像以往一样，选取所有外缘的线，接下来拉取和斜切那些线。从图 6-108 可以看出哪些线被斜切过了。

给车侧面的薄的模块赋予一定的深度。简单地选取所有边缘上的线并且向下拉伸，接着斜切它们。一些整理也是需要的，只要沿着顶点组工作并将它们移到合适位置，这样当汽车光滑显示的时候，一切就显得整齐有序。在车的尾部创建另一个这样的模块，要从其他模块底下开始直到车的尾部。拉取后做斜切处理，就像之前一样。当我们把其他后面的模板完成后，需要对这块模板加上一些弧度。

　　经过利用参照弧线进行锁定，我们能创建出车的尾部。此时应该得到一个跟这块模板上面的后面板相似的形状。这个面板要一直做到安放排气管的位置，一边调整一边做，最后光滑效果如图 6-109 所示。

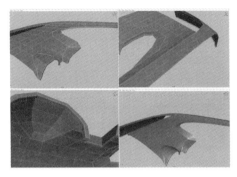
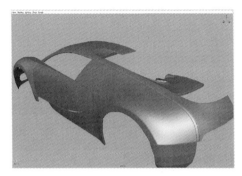

图 6-108　斜切后以及光滑效果　　　　　　图 6-109　光滑后的效果

6.3.6　车后面板

　　用一些挤出指令在面上创建排气管的外壳，然后继续这个过程，直到得出如图 6-110 所示的结果。笔直向后拉出顶部边线，使它们对齐上方的面板后接着再笔直向后拉一点。

　　做一个插线划分，勾勒出放置车牌的支架。用你的那些点勾勒出最薄的位置，接下来把这些线向上拉。拉出支架右边的线，然后合并其相应的点，如图 6-111 所示。

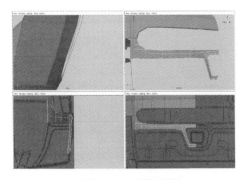
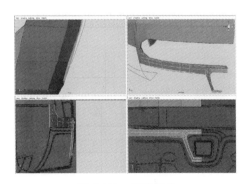

图 6-110　后部面板　　　　　　　　　　图 6-111　插线划分

　　按照保险杠的曲线，创建出新的点，如图 6-112 所示。重复上述的步骤，来做支架的另一边，然后沿着上部边缘拉出保险杠内侧，如图 6-113 所示。

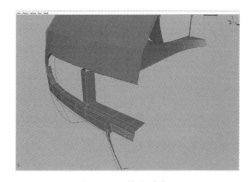

图 6-112　挤出支架

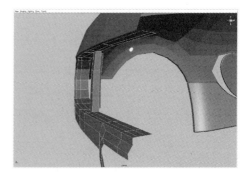

图 6-113　保险杠上端边沿

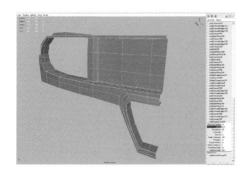

图 6-114　完成后的保险杠

　　执行挤出和斜切指令。高亮显示的线被添加到一个斜切的一角以便整理该区域。应给后面的那块面板加上一圈边，因为保险杠要放在它后面，如图 6-114 所示。

　　这些效果都可以在光滑模式里看到，如图 6-115 所示。

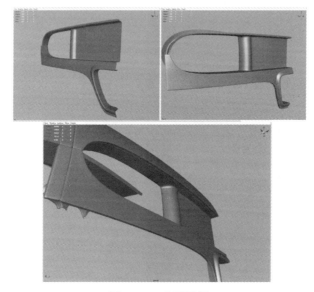

图 6-115　光滑效果

对于车尾的最后一部分和车的下部分边缘，只需抓住所有的边线，拉取和斜切。继续斜切后方挡泥板，如图 6-116 所示。

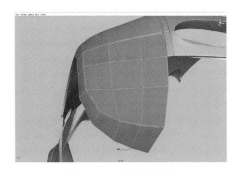

图 6-116　车尾挡泥板

6.3.7　引擎盖

使用曲线锁定，挤出及附加多边形以得到如图 6-117 所示的布局。虽然看起来有些凌乱，但是一旦使用光滑显示，它看起来就会非常接近实际的样子。

不断添加边线，慢慢地塑造网格。要确保经常使用参考图以及蓝图和曲线，并持续调整网格直到它看起来正确。扫视每行点并且检查光滑的版本。尝试一次快速挤出、斜切和镜像测试来确保整个引擎盖看起来正常（当进一步调整网格时要确保删除这些测试），如图 6-118 所示。

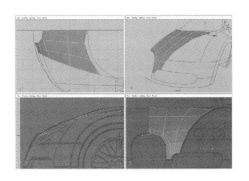

图 6-117　基本引擎盖

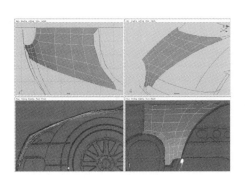

图 6-118　引擎盖

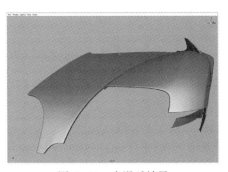

图 6-119　光滑后效果

到最终部分时，用一次光滑和斜切指令，并调整任何需要改正的部分，如图 6-119 所示。另外，还要确保把引擎盖放在前挡泥板的上面，并且给引擎盖下面一些深度，如果想要将引擎盖打开，甚至可以给下面隐藏的部件建模。

给进气活门栅的开口边加上斜切，

并通过前侧孔位，拉出引擎盖一角，引擎盖的角向外一点。

　　保险杠上部可以用常用的挤出和斜切完成。只要确保沿底部边线的斜面拉回一些，为制作进气活门栅做准备，如图 6-120 所示。此外，把这一块置于引擎盖网格的后面并且斜切围绕轮拱的边线。用同样的方法来做下方保险杠的部分。侧面通风口的下部分需要拉取两次，以便它可以环绕引擎罩并且被放置在保险杠上部分的旁边，如图 6-121 所示。

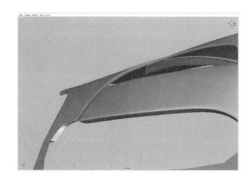 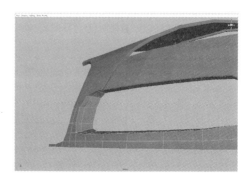

图 6-120　上下保险杠　　　　　　　　图 6-121　完善保险杠

　　可以在图 6-122 中看出最终的网格。一条额外的边线被添加于边排气口的斜切处，来辅助光滑网格。

　　下面我们将用这块模型的镜像来制作从车中间向下延伸的车脊。我们还将准备插入汽车配件，并开始创建配件。最后就是删除网格的历史，然后光滑车体，如图 6-123 所示。

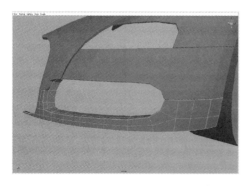 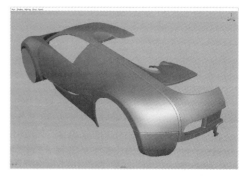

图 6-122　完善斜切下保险杠　　　　　　图 6-123　车体光滑显示

6.4　内饰与配件

6.4.1　完善外部面板

我们必须完成外部面板才能开始制作配件。确保所有的中央点都锁定在栅格的中央，这样当光滑后就不会产生间隙。复制出在格子中间的每个部分的镜像。确保使用一个低点的合并阈值，否则会毁坏用过的斜切，而且确保清理每一块的合并区，引擎盖中间有一个隆块，用我们之前学过的技巧就能轻松除掉。此时无须合并后面板，因为还需要做后面的灯孔。

要创建沿中心而下的车脊是非常简单的。用相同的技巧，也能做出其他面板上的车脊。选取所有车顶中央的边线并应用稍薄的斜切（这里用的偏移值约为 0.1），这是给车脊的基座，然后从这些边线之中分开并将其锁定到图格的中央。如果明白这一系列做法，现在取消选择前 3 条边线，但是不包括车顶的斜切。此时要做的事是让凸起的车脊逐渐向前车窗变矮减少，这只需检查参照物。拖拉这些边线，幅度不用过大。

再一次选择所有中央的边线，然后给它们一个小幅度的斜切（笔者的情况约为 0.2）。将前 3 对点合并到一起，所以只剩下 3 个而不是 6 个点。图 6-124 显示了在这个点上的车顶网格的样子，包括平滑和不平滑的。

经过这些步骤后，应该对创造

图 6-124　面板上的车脊

其他车脊有所了解了。在以下两部分的制作过程中，我们将从车尾开始加入配件直达车头。

从建立后面部分包住排气管的散热片开始。做这块模型非常简单，只需沿着散热片的轮廓放置一个多边形平面，然后从它开始挤出。轮廓完成后，可以把它拉到车的底部，然后把这些面连接起来，接着把边线斜切，如图 6-125 所示。

现在开始做排气管。创建一个立方体，把它放在已预留的排气管孔内。排气管有点轻微的倾斜并且排气端有一段向外伸出一点。均匀地挤出前后面，并且删除已经选取好的面用来做出排气孔。斜切前端的围绕排气管边线并且删除所有后部的面，因为这些是隐藏起来的，确保后部的点被拉进车体。为了保持斜角完整和尖锐，在排气管圈边进行几次划分，这样可以防止排气管过于圆滑，如图6-126所示。

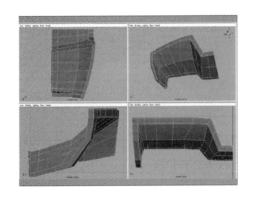
图6-125　排气管外围

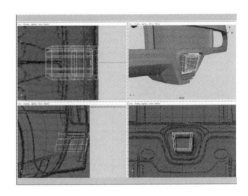
图6-126　排气管

要完成排气管，还需要添加一个用于支撑排气罩的支架，并且把它安置在后面板的底部。用一个面，其宽度和高度只有一个分线，在中间挖出一个孔用于勾勒出排气管罩。把孔向后拉出，给予这块模型一些深度，然后把四周稍微分开以保障它在平滑后不会过于圆滑。这块面板有一条镶边向外延伸到排气管罩。所以要在这一板块上分开一些新的边线并且拉出围绕排气管罩的边线，如图6-127所示。

对围绕排气管的线和排气管板块的镶边进行斜切操作，确保这块板在后面板的背后。图6-128是排气管外围细化的效果。

向车上部移动，来做后指示灯，加上那些高亮显示的线段（图6-129），可以用来勾勒出指示灯的轮廓和重新分配那些点以防止任何皱褶，用那些边线即可勾勒出指示灯右边。确保使用曲线锁定，以使网格整洁。同时检查光滑过的网格，虽然多边形显得杂乱，但是光滑的版本看上去并不杂乱。选择指示灯的

面并且拉取它们，拉取后挡泥板下部分的边线以做出灯的孔，并且把点全部锁
定起来。

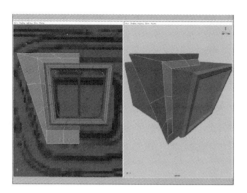

图 6-127　排气管外围模型

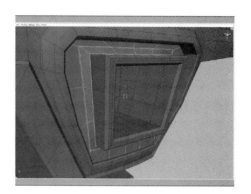

图 6-128　排气管外围模型细化

选取原先被斜切的边线和这些在灯旁的边线（图 6-130），并且斜切它们。
通过合并点工具来清理任何遗留下的三角面。选取所有从灯孔中往下的线
段并斜切它们来做出从灯孔中往下的线条。重新分配那些点，使它们接近
灯的角部并使得角锋锐。在这些新边线中央添加一条分线来造出指示灯的
弧度。

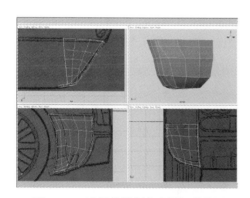

图 6-129　选择线段划分出尾灯的位置

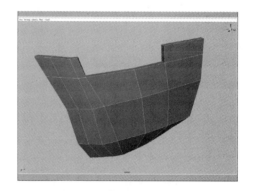

图 6-130　斜切选择的线段

确保重新分配点来清除任何有问题的部位，如图 6-131 所示。

实际的指示灯需要给前面挤出的模块一些深度。然后匹配挡泥板的曲线，
如图 6-132 所示。

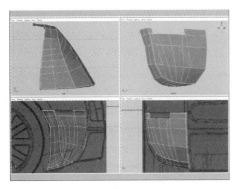

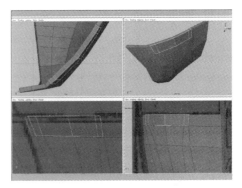

图 6-131　分配点　　　　　　　　　　图 6-132　后尾灯盖板

6.4.2　车体上的配件

下面开始在车的周围工作，首先要解决的配件就是加油口。我们先开始勾勒出油箱盖的孔。要添加一些圆形的几何体到后侧面板上，以便油箱盖能安置上。有时这可能是棘手的，可能很容易导致以前光滑的网格变得凹凸不平。所以我们来学习一种技巧，笔者经常使用它来创建圆孔同时让网格保持流畅。首先，复制背面的面板网格，然后隐藏原有的那一片。用那 4 个高亮的面（图 6-133）来创建油箱盖的孔，这将给我们 8 个点来创建它。

创建一个 8 面圆柱体并且移动和旋转它到油箱盖的位置，如图 6-134 所示。然后调整这个圆柱体的大小。

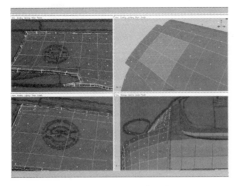

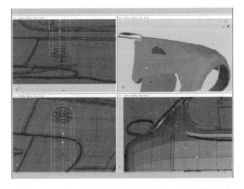

图 6-133　选择准备创建油箱盖的面　　图 6-134　与油箱盖形状吻合的八边形圆柱

这个圆柱体完全从后侧面板伸延出来了，先选取后侧面板，接下来选取圆柱体并且执行 Boolean 命令，将圆柱体开出一个洞，这样就有 8 个点在侧边面板

上来创建开口。因此，把隐藏的后
挡泥板调出来并且在原有的 4 个面
上执行任意幅度的挤出，然后删除
这些面。现在可以把周边的点锁定
到 Boolean 指令，以制造出的那些
点来制作一个完美的八边形。同时
要保持网格的位置不变（现在多了
油箱盖孔）。通常并不需要去分配
四周的边线，只需用点锁定来跟从

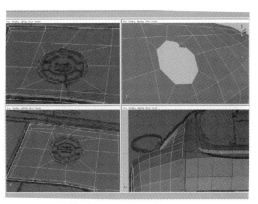

图 6-135 调整油箱盖孔

网格的流向就能得出我们的洞，如图 6-135 所示。此时可以删除挡泥板的复制
品，它已经没用了。

　　然后来制作油箱盖了。我们可以做一幅油箱盖的俯视图，因为这样更容易
调整上面的点。接下来把完整的油箱盖安置到它的位置。开始制作一个 16 边的
圆柱体，为什么是 16 边呢？如果你把油箱盖分成同等份，会发现在上面有八大
细节（图 6-136），其中 6 个是螺钉，还有两个是里面盖帽的两端。所以 16 个边
会便于我们制作这块油箱盖的模型。把圆柱体顶部划分设为 5，并删除所有除了
在图 6-137 里的面。

图 6-136 油箱盖的细节

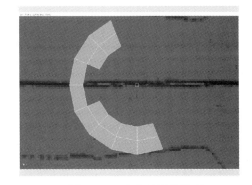

图 6-137 半个油箱盖模型

　　我们将用半个模型来制作，剩下的用镜像来完成。创建 3 个方块并且锁定
它们到高光的点上（图 6-138）。Chamfer 这些点并且锁定产生的新点到方块的 Z

和 X 轴的 4 个角上，这些会用来创建螺钉。在这个模型上制造出一些分线来清理五边形面，并且删除那两个新面来给盖子的里面腾出空间，如图 6-139 所示。然后垂直向下挤出厚度。

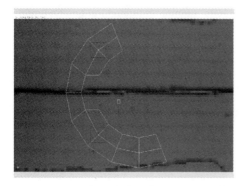

图 6-138　选择三个点准备 Chamfer 操作

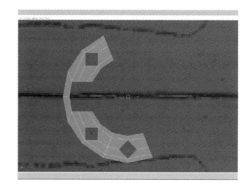

图 6-139　整理出螺丝孔

对内边线和孔洞的边线再做挤出操作，使其形成小镶边（图 6-140），确保把点移向镜像分界线。选取图 6-141 中所示的边线，斜切它们并执行任何必需的清理。

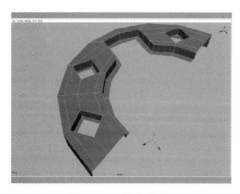

图 6-140　挤出镶边

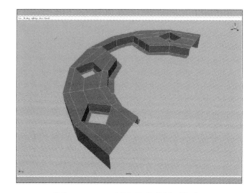

图 6-141　选择准备斜切的边

对油箱盖的光滑模型做一个快速的检查，然后取消光滑效果并且创建油箱盖在 X 轴和 Z 轴的镜像。把轴在中央进行合并，油箱盖的外部就完成了。

接下来的几个步骤比较容易。从一个 8 边的圆柱体做起，并把少量的小盖子放在油箱盖外部的中央，把它做得稍微比内部的油箱盖的洞小些，因为它向外扩大。删除除了最上面的所有的面，接着再将剩下的面删除一半，我们只制作这件物体的一半。拉取两条最靠外的边线来填补这个新模块和油箱盖外部之间的空隙, 如图 6-142 所示。

　　向下挤出靠外的边线, 并且把圆柱体上的边线按比例向外调整拉伸, 以完美填充其间的空隙。再一次拉取最低的边线。选择顶部圈线并且向上拉伸, 来给予油箱盖的顶部一些圆润感, 检查光滑版本。在方形的挤出部分上创建一些划分线来匹配油箱盖外部的线段走

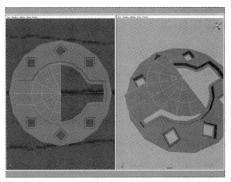

图 6-142　建立油内盖

向, 然后斜切选中的边线 (图 6-143)。最后创建这个物件的镜像并把它放到适合的位置, 笔者推荐用 Chamferning 最靠中的点来防止光滑后出现一个糟糕的点。

　　我们现在来展示如何制作螺钉, 这个技巧可以用来做任何想做的螺钉。创建一个 6 边的圆柱体并将其调整到螺洞的大小。执行 Extrude 并均匀缩放, 从顶面然后向下挤出这个新面。斜切这个凹槽的垂直边线并锁定浮动的点到边角上的点, 如图 6-144 所示。

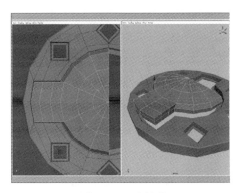

图 6-143　油箱盖

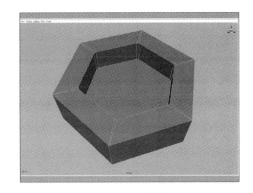

图 6-144　螺帽

　　选取凹槽内部的边线, 斜切它们并且执行必要的清理。把螺钉放到它的位置上, 确保它的大小调整正确。最后把螺钉平衡于油箱盖的中央, 然后复制它 5 次并将每个螺钉旋转到位 (图 6-145)。

　　现在油箱盖完成了, 只剩下摆放油箱盖到位并给予它一些深度。在给它深度之前, 用一个简单的挤出操作, 然后进行斜切, 建议制作一个扁平的八边形

并将其锁定到每一个后挡泥板的孔点上。现在将所有光滑油箱盖上的物件组成组，并且用 Snap Together 工具来锁定这个编组到八边形的圆盘上，执行这个命令后，如果物体是反的，需要调整一下 Y 轴。选取编组后的油箱盖，然后选取圆盘并且用 Align Objects 和 Align Mode 工具来把这个物体放到圆盘的中央。现在只需调整大小和移动编组到位置上，还需要加上一些旋转。图 6-146 显示的是后挡泥板和油箱盖的位置。

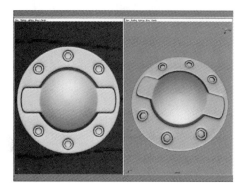

图 6-145　油箱盖光滑后效果

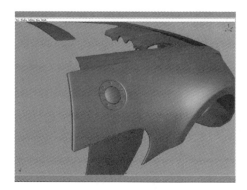

图 6-146　放置好的油箱盖

下一目标就是后车灯。创建一个六边的圆柱体然后和车尾灯对齐。用划分多边形工具来切剪出车灯的轮廓，用创建的圆柱体来做参照，如图 6-147 所示。

不必疑问，一次肯定不能完全做好。现在，用曲线锁定来把点和点对齐到六边形上。也许需要些"帮手"剪切（能用曲线锁定的边线和放置点）删除那些勾勒出的六边形内部的面，并且向后可拉取那些边线斜切镶边。清理任何需要清理的点和保持网格顺滑，结果如图 6-148 所示。

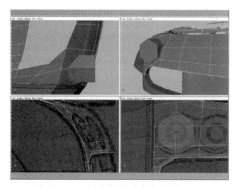

图 6-147　划分出后车灯的位置

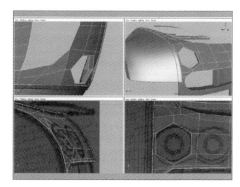

图 6-148　后尾灯孔

　　看到这些图，应该可以发现我们已经建立了一些五边的多边形，这些不会给网格带来任何问题。不过，如果想让网格完全由四边形组成，这也很容易，面的划分会使它们成为四边形，但需要做一些清理工作（图 6-149）。

　　现在网格已经基本令人满意，只需遵循同样的技巧来做第二盏尾车灯（图 6-150）。

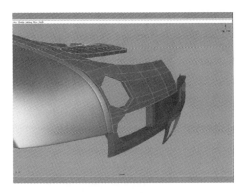

图 6-149　清理面

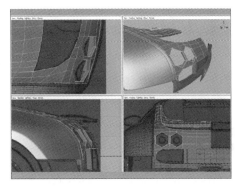

图 6-150　形成第二个灯孔

　　车灯罩的制作十分简单，只需创建两片可以充满灯孔的斜切过的圆柱顶面（图 6-151），这些可以用肉眼来确定位置，或者在它被斜切之前就非常精确地把它锁定到洞的点上。

　　现在该做刹车灯了。这个可以用非常接近制作后车灯的办法来制作。只需勾勒出刹车灯的形状，然后向后挤出。把那些空隙用一个长方体沿着车身的流线来放置，如图 6-152 所示。一旦这些全部完成，就可以制作它们的镜像了。

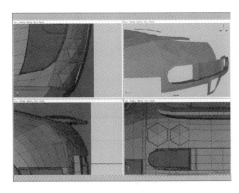

图 6-151　车灯罩

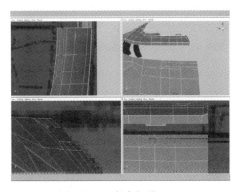

图 6-152　刹车灯孔

6.4.3   引擎

接下来将目标向上移至引擎。这个引擎散热管还算比较简单，并且只需用一个盒子来塑造它的形状，如图 6-153 所示。

按照底部和前部的边线来斜切，并且把底部和前部的角向上拉，以此来制作一些高度。继续添加和调整细节，如图 6-154 所示，虽然网格看起来有一些杂乱，光滑的版本看起来却没有问题。

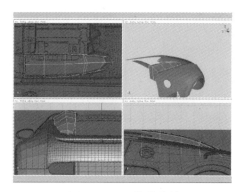

图 6-153   引擎散热管

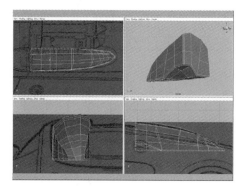

图 6-154   细化散热管

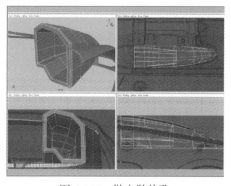

图 6-155   做出散热孔

下一步，选取所有最前面的面并且向里挤出它们来制造出散热管中的洞，删除所有选取中的面。调整洞的形状以令它整齐些，然后向后挤出那些边线并且对外部的边线执行斜切操作，如图 6-155 所示。

到了车的引擎的部分，我们应该有办法不需要用特定的形状来填充空隙，这个办法会更合适，除非你想要在引擎的周围做一些超级精确的渲染。创建一个 12 边的圆柱体，把它放入引擎槽内，然后调整它的大小，使其能容纳一个在引擎中的大管子。这一引擎部分有一圈被拉取的镶边，所以在圆柱体末端，选取面并且向外挤出来制作镶边。选取 4 个"角上"的面并且在它们的 Z 轴上拉取，然后在 Y 轴轻微调整它们的大小。选取圆柱体上面的边线和这些新挤出的面的边线并且斜切它们，然后执行清理，如图 6-156 所示。

拉取车脊中间的面到车顶后面的隆起处，这个圆柱体其实比原来的管子更粗，所以把它放大一些。建立一个新的圆柱体使它能包裹住前面挤出的面（图 6-157）。

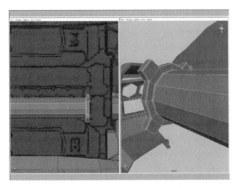

图 6-156　十二边形圆柱

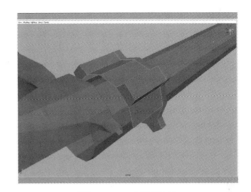

图 6-157　新圆柱体

创建一个圆柱体并在这块模型的边上挤出，如图 6-158 所示。然后在这块模型的另一端做一个小开口，基本上使一个细管能从这个开口中穿过。一旦对所有的开口满意，选取所有外部的边线并且挤出来给予一些深度，然后斜切它们和其他任何过"硬"的边线。对形状满意后，创建几对小螺钉来放在这个新模型的"耳朵"里，最后复制整个模型并且移动它到车的另一边。

然后插入一根管子到车脊的位置，如图 6-159 所示。

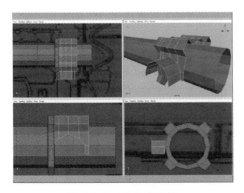

图 6-158　散热管附件

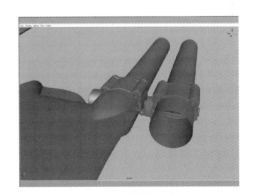

图 6-159　引擎散热管

创建一个如图 6-160 所示的物品，基本上用两个圆柱体通过挤出和缩放形成，并且调整好大小，然后沿着管子长度方向排列，确保左边有一点和右边错开。

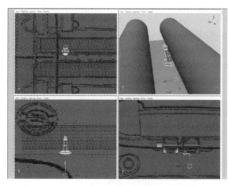

图 6-160　散热管附件

接着制作引擎管的两边的模块。创建一个圆柱体，然后删去上面的面直到剩下它的四分之一，再挤出一些面，如图 6-161 所示。向前挤出圆柱体模型并且调整它的大小。同时挤出后面的边线到车的前面，对物体进行镜像处理并执行斜切，如图 6-162 所示。

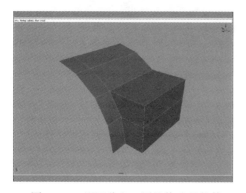

图 6-161　用四分之一圆柱修改的物体

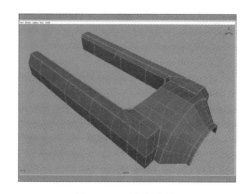

图 6-162　挤出形状

现在用创建内部的模型来完成发动机模块。从建立一个盒子开始，并且调整它以使它可填充发动机模块里的洞，里面的形状应该向中央弯曲。创建一个隆起，如图 6-163 所示，然后只需向后窗拉取里面的模块。

加上斜切，并且在制作镜像之前执行所需的清理（图 6-164）。通过调整一个方块来创建内部引擎上的支架模型（图 6-165）并且确保斜切边线和所有的角。

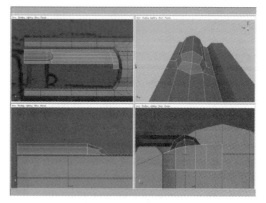

图 6-163　发动机模块

图 6-164 清理完成的发动机部件

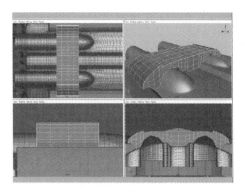

图 6-165 引擎支架

对支架中间点执行 Chamfer 指令，并且把它塑成如图 6-166 所示的那样。向下拉取这个洞并且斜切边线来创造螺钉的孔。然后用相同的方法来制作螺钉，如图 6-167 所示。

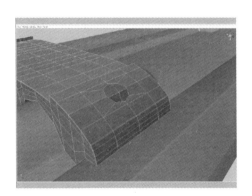

图 6-166 用 Chamfer 指令产生螺钉孔

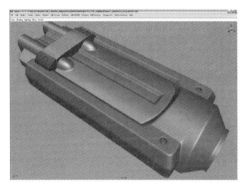

图 6-167 完成后的引擎

6.4.4 后车窗及面板

后车窗基本上就是一个角上被斜切过和略经修改过的盒子。窗下的面板需要花上多一点的功夫，但是它跟后面板的差别并不是太大，引擎管就在后面。用学过的技巧并且把目标放在如图 6-168 所示的形状上即可。这一块模型完成后，

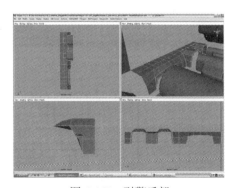

图 6-168 引擎后部

剩下的事就是确保引擎里的物件没有互相交叉。确保所有的管子很好地塞在它们的孔中，并且也可以创建一些填补模块或者对引擎加上一个底板，这样就不会使人看穿过去。

最后，给所有需要创建镜像的部分创建镜像。模型结果如图 6-169 所示。

图 6-169　车体后部效果

6.5　车体配件

6.5.1　空气刹

先来完成有可能是最花时间的空气刹。从它的主体做起，用已有的形状来正确地安放。先把它升到空中并且制作一个基本的液压形状。创建一个多边形面板并且放置它到我们给空气刹预留的空间。开始切割和塑造面板以便填充那个空间，确保当空气刹展开和升起后空气刹的后面板和预留的形状吻合。记住创建空气刹的底部，图 6-170 展示的是笔者所制作的空气刹。一旦满意了，确保创建一个跟后面板对齐的小脊梁。

我们将创建液压系统比较基础的版本，创建这个物件最好的方法就是先安放好液压系统，再把液压面板移到液压之上。液压系统基本上是由几条圆筒和一个长方体的模块组成的。先塑造这个模型最上面的部分，所以需要把它钻进去。复制圆筒来做下一个部分并且平均地调整它的大小，把它的高度往下调短一些然后把它放置到位。用挤出操作把两个圆筒连接起来，如图 6-171 所示。

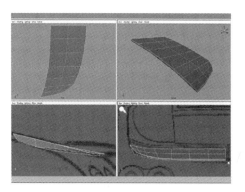

图 6-170　空气刹的基本型

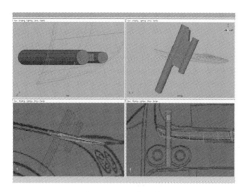

图 6-171　液压杆

　　还有另一个圆筒在更远处，所以确保用同一个办法来创建（图 6-172）。所以现在只需斜切液压部件和切割出所需的细节。下一步就是加上塑料盖到两个圆筒的后部，用参照物调整过的圆筒来制作它们在后部的液压轴，用两个圆筒合并在一起并且加上一些挤出和斜切，如图 6-173 所示。确保杆一直延伸到底部，这样当调整空气刹的时候，它就不会滑出到模型以外。

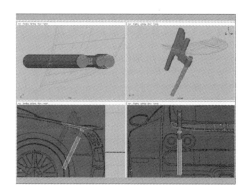

图 6-172　滑杆

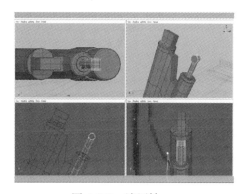

图 6-173　液压轴

　　创建可以让空气刹车翼放置的三角的零件，确保加上一些螺钉和一面小面板在车翼和三角部件之间（图 6-174）。基准于液压有一个提升的角度，需要把车翼放到一个较高的地方。

　　现在是创建第二块小车翼的时候了，当液压升起空气刹的时候，它可以旋转出汽车。这一块模型并不是太困难，它基本上就是一个调整过的立方体，从连接到液压的那一块开始做起直到中间位置。为了适配第二个小车翼，可能需要缩小液压部分。把所有在一条水平线上的东西全部移动，在不改动建模的前提下完成这个改动（用在 Moving Tool 里的 Align Axis 到 Edge → Normal 按键）。可以在液压上加上能让第二块车翼平衡的另一块模块，这取决于你渲染车的方式，只做能看到的部分，如图 6-175 所示。

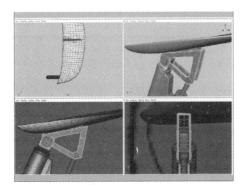 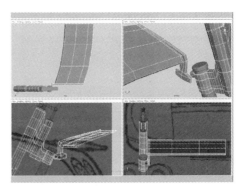

图 6-174　三角部件　　　　　　　图 6-175　第二块车翼

当然，如果想近距离渲染尾部的车翼，则需要在车的内部建模。

6.5.2　通风口与车窗

继续通过添加配件来制作这个模型。前通风口基本上不用加什么部件了，创建一片薄面并且把它放到通气口的底部。在前保险杠和车盖之间的开口四周拉取，用已有的形状挤出长度。然后拉出几排点阵来对齐已有的网格。一旦这个完成后，用蓝图来做参照，向后拉取内部的边线并且把它们全部拉向这块模型的中央。向后挤出外部的边线并且斜切它们来维持其硬边。如图 6-176 所示。

经过所有的步骤，剩下的就是加上三角隆起部位，在中边线旁边插入一个新的分线，向上拉两个后部的中心点，虽然当平滑隆起时出现了一些问题，但可以用选择所有基线和用一个较大的斜切来修正这个问题，如图 6-177 所示。

加上一个三角形的模块，在门和顶面板的角上。用一个切过的细盒插入窗孔来对齐已有的网格。如果想加上一条橡皮条在车窗的底部，可以用调整立方体的形状来使之吻合车门的弧度。图 6-178 展示了最后几步的结果。

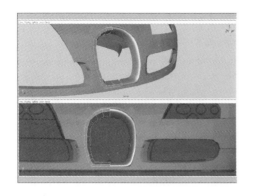

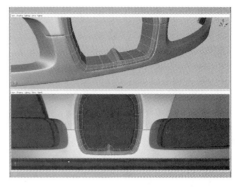

图 6-176 前通风口 　　　　　　图 6-177 中间隆起的处理

至于前窗口，可以用前一次的技巧，也可以锁定到做挡风板时留下的曲线。

在挡风板的底下加上一个塑料条，并且同样在车盖下（雨刷的位置）也加上塑料条。这些步骤都能在图 6-179 中看到。

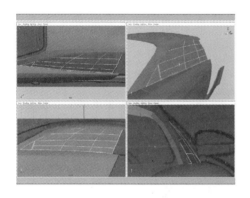

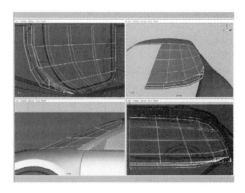

图 6-178 车窗 　　　　　　　　图 6-179 前车窗

还差一点就把外部做完了。这些大多数都很简单，只需把注意力放在每一个部件和最后的网格上面。前面和两侧的围板只是一些调整过的立方体，但是不要忘了在前面板的排气口，如图 6-180 所示。

6.5.3 指示灯与侧视镜

前面的指示灯是用和尾部的指示灯一样的方法做出来的（图 6-181）。侧视镜也是用调整过的立方体盒子做出来的，

图 6-180 前保险杠

用一条圆筒插入车门的上方以便侧视镜安放，如图 6-182 所示。

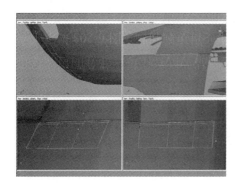

图 6-181　前指示灯

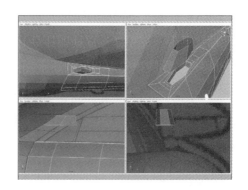

图 6-182　为侧视镜创建的凹槽

确保给侧视镜柄创建洞孔，不然它就会看起来像跨过门网格的车柄。确保向后挤出来创建放置镜面的凹槽，如图 6-183 所示。侧视镜要分成三个部分，上下的护罩和边指示灯。所以确保加上一些分线或者重新分配点的位置，这样就能取出每一个分开的部分，如图 6-184 所示。

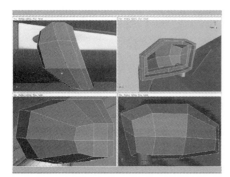

图 6-183　侧视镜

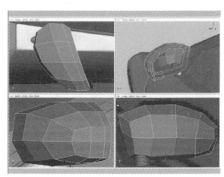

图 6-184　划分侧视镜

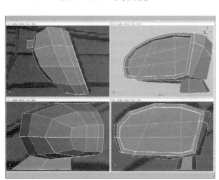

图 6-185　完成后的侧视镜

现在只需拉取每一个分开的部分并且斜切那些边线。用一个修改过的里立方体盒子来创建镜面并且把它放置于壳内。不要忘了给镜柄开一个孔。

图 6-185 展示了镜子该有的样子，很有必要通过光滑镜子模型显示来检查是否还存在缺陷和问题。

6.5.4　门柄与前灯

在门柄处创建一个方形面并进行挤出操作，再向内拉取创建出的面，然后调整它们的大小。把开口的边线斜切，门就会有一个斜坡，这样就创建好了门柄处的凹槽，如图 6-186 所示。到真正门柄的部分，只需再一次用几个修改过的立方体盒子来处理，如图 6-187 所示。

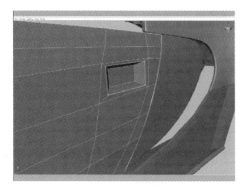

图 6-186　门柄凹槽

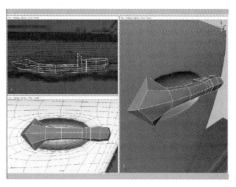

图 6-187　门手柄

一条条的面绕过灯孔的周边。笔者喜欢加上一些辅助的物件来表现灯，因为我们要做的是在这些辅助物件旁制作几何体，那么就需要把灯放入这些孔内。做的初始形状都如图 6-188 所示。我们现在想要勾勒出车灯的形状，任何被创造出的隆块都可以在后面被平滑掉。把灯之间的空隙填充掉以便创建上方的表面，然后向后挤出开口并且斜切那些边线，如图 6-189 所示。

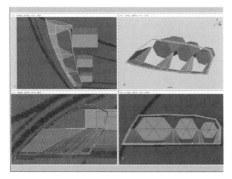

图 6-188　车灯

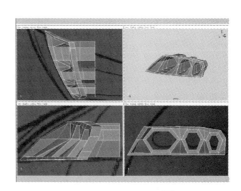

图 6-189　细化灯孔

图 6-190　完成后的前灯

在做灯的本体时，只需用修改过的圆柱来做灯罩和菱镜，并且创建玻璃罩（又是修改过的立方体盒子）。图 6-190 展示了汽车安装了灯后的样子。

6.5.5　徽标

最后要做的配件就是车在引擎和车体上的徽标。这些其实也很容易制作，但是要花上一些时间。首先学习如何制作这个"EB"的徽标，我们会从在顶部视口上创建 Splines 做起，它们能勾勒出字母"EB"（图 6-191）。用弧线锁定来创建多边形以填充徽标（图 6-192）。再多挤出两次来完成这个模块。选取所有外部边线和"EB"的内部并且向下拉取。然后移动它到本地 Y 轴的坐标，因为徽标向外鼓起然后再向下，所以在进行下一个挤出操作时，这需要做一些处理。

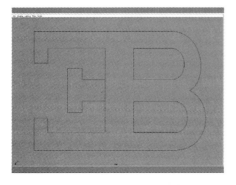

图 6-191　线条画出的徽标

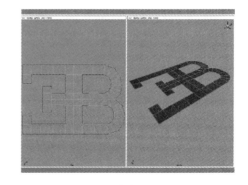

图 6-192　形成多边形面的徽标

当向下挤出第二次的时候，选取第一次挤出的那些边线，以及最初的那些边线和角并且斜切它们，如图 6-193 所示。

唯一需要清理的部分是"EB"的中央。只需把徽标放置好并且用所需的 Bend 变形器使其产生一定弧度，尽量把它调整到与车体吻合，如图 6-194 所示。

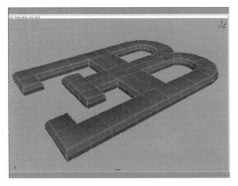

图 6-193　挤出厚度

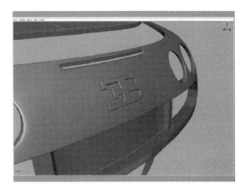

图 6-194　将徽标放到车尾

6.5.6　车轮

对于车轮，我们从钢圈开始做起，最后加上轮胎。钢圈应该不会太难，如果你研究过钢圈的结构，那么你会发现，它有很多的对称线使得制作变得简易。在这钢圈上有 12 处轮辐，一处高一处低的间隔。所以先做轮辐的一半，然后把它的镜像旋转到位。

从创建一个圆柱开始，并且把它和蓝图上其中一个钢圈的中央对齐，这些可以当作一个基本的参照线来建模。把圆柱分成 24 等份，将其直径调整为和钢圈一致，然后删除除了两个边的面以外的所有面。先创建轮辐，然后再制作外部的钢圈。用 Split Polygon Tool 加上一个边线环并且把数字调到 2，这样就能很好勾勒出钢圈的内部。先开始做最上面的轮辐，然后再做最靠后一点的。可以加上辅助线、圆圈和 EP 曲线，来帮助锁定和让所有东西保持圆形。记住这些，勾勒出上方的轮辐，如图 6-195 所示。不时检查的光滑的版本，尤其是当第一个轮辐被复制和旋转来代表其他轮辐的时候。

第二个轮辐其实在第一个轮辐的后面一点，所以向后挤出边线，当有正确的形状后开始向上挤出（就像我们做第一个轮辐的时候），如图 6-196 所示。

对轮辐的样子满意后，是时候给它们加上弧度了，注意前轮辐实际上比后轮辐更多地向后弯曲。现在可以开始填充钢圈的上部，用 NURBS 圈来当参照物，如图 6-197 所示。

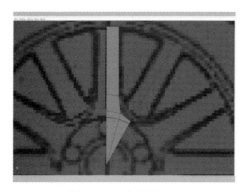

图 6-195　半个轮辐

图 6-196　挤出第二个轮辐

连接两个轮辐，肯定会形成一个三角形，因为其中一个轮辐最初在另一个的前面，然后到最后又要到另一个的后部接近钢圈的上部。只需确保三角形保持在钢圈的后面并且不会被发现即可。挤出一条上面的车脊到轮辐的后面，然后拉取它直到车胎的边缘并且同时向外一点（这里会成为轮胎内部的位置）。确保制作钢圈的内部在轮辐的周围并且降到中央，这样使得当斜切后所有的边线都会被给予一个很好的高光。现在只需继续向上、向外拉取钢圈的前部轮辐，接着斜切需要斜切的边线，如图 6-198 所示。

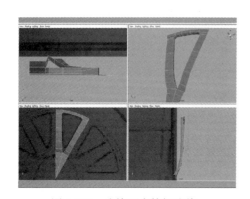

图 6-197　连接两个轮辐边缘

图 6-198　完成轮辐的一个单元

接下来在中央开一个洞，然后放入一个复制过的油箱盖到洞中，因为这些物件非常相像，所以并不用花费多余的时间来创建另一个物件。最后一步是制作这个物体的镜像来完成两个完美的轮辐，并复制这些物体几次，旋转它们到合适位置上，并且合并那些缝合线上重合的点。图 6-199 展示了完成的钢圈。

接着做轮胎。制作轮胎需要非常多的多边形，这会给很多机器造成非常大的延迟。因此，为了尽可能地让 Maya 运行流畅，当你已经对它们满意时，要删除所有物体的历史并且把所有东西放入一个层内（或者几层，如前面板、后面板、配件等），然后隐藏所有物体。创建轮胎纹最好和最简单的办法就是创建一小部分，然后再复制它很多次。这样就会创造一个长和扁平的胎纹，接下来可以给它们使用一个弯曲命令。可以忽略连接上的细节（图 6-200），因为只需主要的纹路。

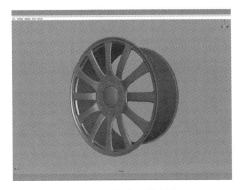
图 6-199　完成后的轮辐

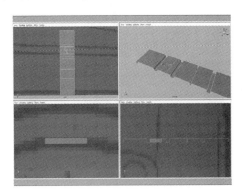
图 6-200　轮胎的花纹

继续用这个方法来做，直到完成整个胎纹，如图 6-201 所示。在轮纹的前后加上一些弧度，如图 6-202 所示，然后斜切边线和角，需要加上一些边线来保持斜切成所需的形状。

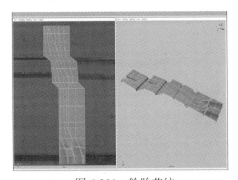
图 6-201　轮胎花纹

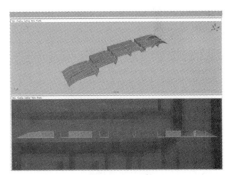
图 6-202　给轮纹的前后加上一些弧度

现在有一条完整的胎纹，是时候来复制很多份以完成一条长的胎纹。用"Shift+D"和 Move Tool，创建平均分配的复制品。试着让每一部分的边线尽可能地靠近上一条边线，这样能让合并时的工作变得更顺利些，图 6-203 展示了一条长的胎纹。最后做出 41 个部分，但是你可能会有不同的数量。这条胎纹需要被结合到一个物体中并且合并在一起（这就是为什么边线需要尽可能地靠近）。注意检查网格的每一部分，看看是否不小心把斜切的点合并到一起了。为了将这条胎纹弯曲成一个轮胎的形状，可以选择轮胎并且用一个 Bend 变形。旋转弯曲的工具能使胎纹与轮胎的弧度吻合，然后缓慢地增加弧度直到前后的边线相接，如图 6-204 所示。把点合并起来并且删除轮胎的历史。

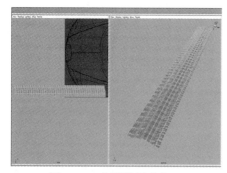
图 6-203　复制轮胎花纹

图 6-204　弯曲变形

创建前后的胎壁是一个较为轻松的过程。轻易向内挤出边线到钢圈，然后加上几圈线来完成胎壁的弧度，图 6-205 同时显示了光滑和非光滑的版本，现在只需把轮胎和钢圈编组并且复制来创建其他的轮子。

最后一件要做的事就是创建镜像并且合并所有关联的物体。复制轮子并且向后移动一组轮子。这样配件就基本上完成了，图 6-206 是完成后的效果。

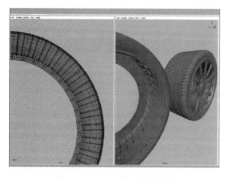
图 6-205　光滑后的轮胎

图 6-206　完成后的效果

6.6　内饰的建模

这一部分主要是在给车内做一些基本的装修。

6.6.1 车门镶边

我们开始创建内部车门的镶边。这个可以用几个挤出指令来完成，图 6-207 展示了这个工序的起始步骤。创建门的镶边是一个需要非常投入的工作，需要前前后后在不同的地方创建镶边。

下面，我们在门外的开口处加上橡皮套。这个可以简易地在原有的形状上用挤出来完成。提取这些新面，然后创建外面开口周围的新面，如图 6-208 所示。

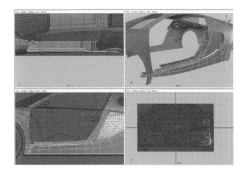

图 6-207　门内镶边

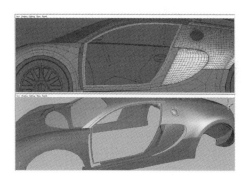

图 6-208　门框周边橡皮套

对橡皮套满意后，向内拉取里外的边线。然后封住这些面并且给予四周斜切，加上必要的裁剪来让皮套看上去准确无误，如图 6-209 所示。

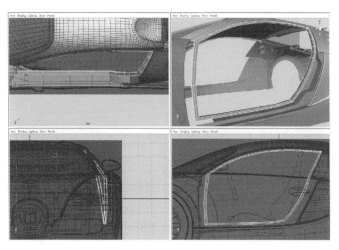

图 6-209　将橡皮套加上厚度

　　填充门前所在的位置，如图 6-210 所示，只需让它看起来正确和好看即可。接下来在这面板上斜切这些边线并且填充任何在面板边缘和塑料封皮之间的空隙，如图 6-211 所示。

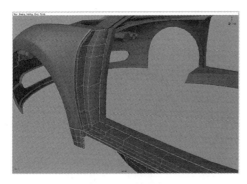

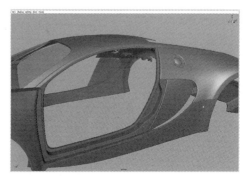

图 6-210　前门框

图 6-211　斜切边线

6.6.2　中控仪表

　　现在把精力放在仪表板和中央装置的建模上，然后需要补充任何在网格里的空隙并且创建地板和车顶面。可能做仪表板最好的办法就是将它制作为一个对称的模型，然后再加上其他不对称的模块。最好开始的位置就是中央装置的后部，然后再从那里做到后面。创建一个立方体盒子并且将其分开成为两半，然后调整盒子的形状来表达中央装置（确保用你的参照物和蓝图），如果加上一个多边面来表示后壁，你会发现它会变得更加容易塑型，这样你就能想象出向后多远可以来安放它，现在的基本形状应该如图 6-212 所示的一样。你同样能创建一个模拟形状来代表仪表板，然后创建换挡器所在的中央装置，如图 6-213 所示。

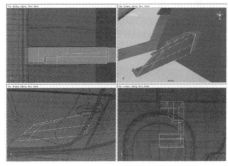

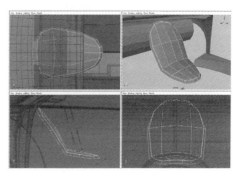

图 6-212　中控基本型

图 6-213　中控面板

这块模型上面的两条边线应该被拉向窗口，但是确保不要超出窗口。把仪表板向上拉取到车窗的边缘上，由于被车窗的边缘围绕着，所以要在车窗和仪表盘之间留出一些空隙。

把所建模型包在仪表板的周围（图6-214），不需要向上移动网格至车窗，另一块多边形会封平仪表板网格和窗户之间的网格。对这块模型满意后，从一块被切取和重塑的多边形里创建仪表板。在这个例子中我们只创建一个基本的内部，所以只把它塞进车前，并且把它的镜像放在另一边，如图6-215所示。

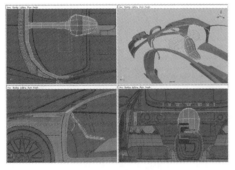

图 6-214　中控面板

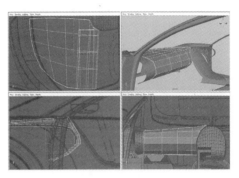

图 6-215　中控前面板

给予仪表板周围的形状一点厚度，创建一个新形状以便封闭门开口处的空隙，然后创建一个圆柱来用作方向盘的支柱（图6-216）。创建另一个圆筒来做方向盘的把手，然后创建方向盘，拉去外部的面来创建三个方向盘的枝干，如图6-217所示。

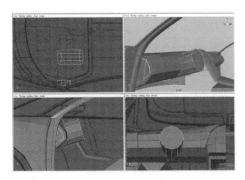

图 6-216　方向盘基座

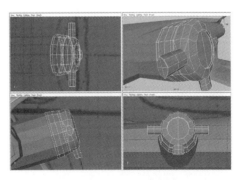

图 6-217　方向盘基本型

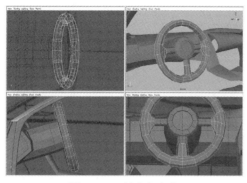

图 6-218　创建方向盘

为了完成方向盘，创建一个圆环然后直接向外拉取面来封闭轮环和枝干之间的空隙，如图 6-218 所示。

6.6.3　座椅

接下来创建椅子，然后只剩下创建地板和内部的车顶。用一个修改过的方块来创建椅子的两旁。注意光滑的形状。然后复制这个形状并且把它移到椅子的另一边，非常接近中央的部分（图 6-219）。用同一个办法来创建内部的座垫（图 6-220）。

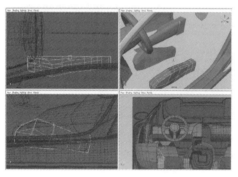

图 6-219　椅子扶手

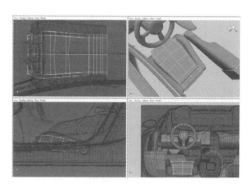

图 6-220　坐垫

用完全一样的办法来创建上方的坐垫（图 6-221）。把中央装置和中间把手的空间用另一个修改过的盒子填补上。确保挤出和已有模块上的边线对齐，如图 6-222 所示。

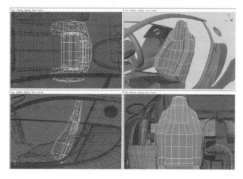

图 6-221　后背靠垫

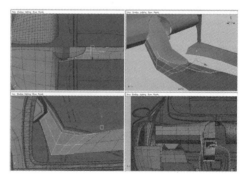

图 6-222　椅子中控连接

现在内部主要的部件基本上完成了，就只需用一块修改过的面板来创建地板，并且用一个修改过的立方体加到方向盘的根部位置，如图 6-223 所示。整个内部应没有任何空隙，只要观众看不出有任何明显的问题，就不用百分之百精准，如图 6-224 所示。

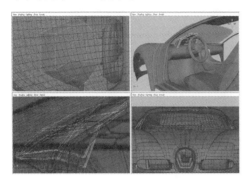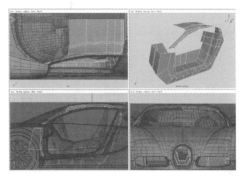

图 6-223　方向盘根部　　　　　　　　图 6-224　地板和车顶内衬

地板和车顶内衬是用一个调整过的面板来包住整个车的内部。这块模型的目标就是封闭门的内部，是用一个修改过的立方体盒子创建的，我们只给了它非常基本的形状，但是可以加上任意数量的细节。门的内部需要有一些深度以便它跟门的内部结合。这个可以用几次挤出和很多形状调整来完成。

继续原有的形状并且得到了如图 6-225 所示的结果。它有一点凌乱，但是已经足够了。在事后应该移除原有的斜切，但是无论用哪种技巧都没有问题。

现在只需向内拉取以使得在门和坐垫之间无任何空隙，并且再加上一些斜切，如图 6-226 所示。

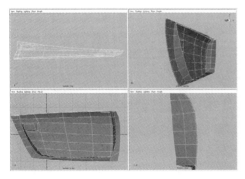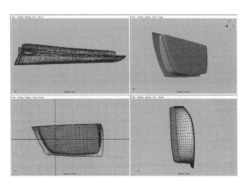

图 6-225　门内侧　　　　　　　　图 6-226　完善门内侧

6.6.4 补充

下面就是在仪表板和挡风板之间加上新的形状并且制作另一半的镜像。此时，遮掩内部就完成了，你所制作的应该看起来与图 6-227 和图 6-228 所示的一样。

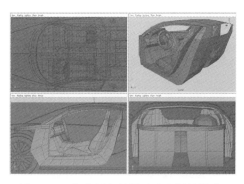

图 6-227 仪表板与挡风玻璃之间的填充 1

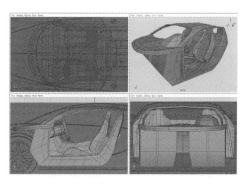

图 6-228 仪表板与挡风玻璃之间的填充 2

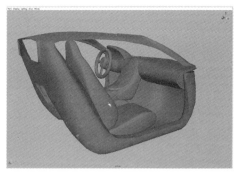

图 6-229 光滑后的效果

图 6-229 展示的是光滑处理后的版本。就像我们之前讲过的，这是一个简化的车内部，所以尽可能地赋予它细节。

最后一步是加上轮子，只需使用 Create Polygon 工具来遮盖任何轮毂和车内部的空隙。同时在前进气门栅里加上一些面板，以避免观众不经意间看到车的内部。最后几幅照片展示了没有材质模型的样子（图 6-230 和图 6-231）。

图 6-230 模型最终效果

图 6-231 最终效果

第 7 章
有机体建模

7.1　扩展法头部建模

在数字建模行业中，会有许多风格真实的人物头部三维建模，它们通常被运用于影视剧或者动画游戏中。创建真实模型的最大挑战就是几乎每个人都能发现一个很不自然的 CG（computer graphics）脸部，这是因为我们每天都能看到脸，而成功的关键是不断参考和观察。

创建数字模型并没有一定要求使用的技术，可以采用自己熟悉或者喜爱的方法。创建数字模型通常有两种最受欢迎的方法：盒子建模方法和边缘扩展方法。盒子建模方法开始是使用基本几何体，逐步调整成头的形状，然后再进一步细化各个细节；边缘扩展方法则是从一个局部开始，逐步扩展到全部，如眼睛，先围绕眼睛做出细节，然后逐步扩展。

7.1.1　参考资料的准备

无论使用哪种方法，都要提前准备好充足的参考资料。当只需要一个角色的正面和侧面头像时，在充分了解这个角色特点的同时，还应该尽可能多地收集各种表情图片作为参考，如图 7-1 所示。

这些表情图集是很好的资源，也能很好地让我们在建模时考虑到布线的走向，这些表情是由运动或位置的肌肉来驱动的，能让动画师很好地将模型用来制作各种表情动画。当创建的三维网格有适当的布线走向后，我们可以模仿这些肌肉的运动。当在脸部构建这些区域的时候，我们应该时刻牢记这些面部表情的变化。

收集参考图片后，下一步就是要准备前视图和侧视图。图 7-2 所示的这两张图是作为建模时的模板用的。我们通常会用 Photoshop 软件来缩放尺寸，使得两张图片相应的关键部位（如眼睛、鼻尖、下巴等）处在同一条线上。因为建模的时候，经常使用对称的镜像操作，这也就意味着只需要对头部的一半进行建模。但一般来说，现实中人脸不会完全对称，通常我们可以通过 Photoshop 软件来进行镜像操作，使得左右脸完全对称，修改过的图像如图 7-3 所示。

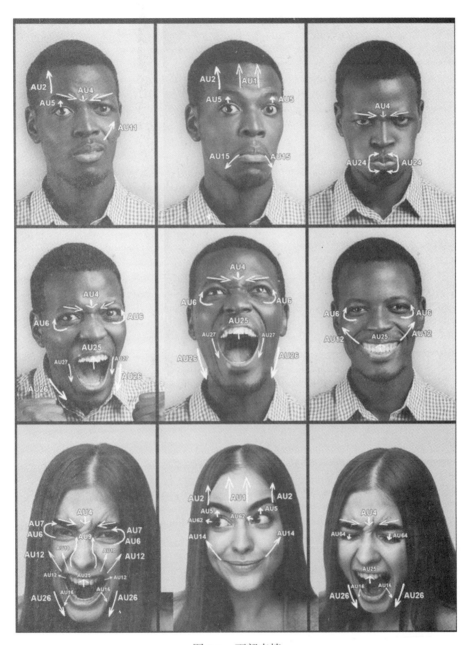

图 7-1　面部表情

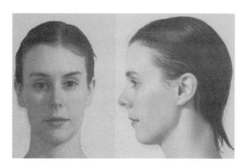 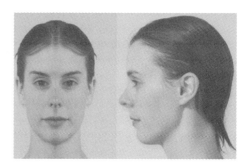

图 7-2　匹配正面与侧面图像　　　　　图 7-3　镜像操作后的面部图像

通常使用这种对称的参考图片来制作模型，在后续的 UV 展开、变形、骨骼绑定等都需要对称操作，但在最后渲染成品时，可以保持真实生活中人脸的不对称。

7.1.2　眼睛制作

如果眼睛与制作对象不相似的话，是很难完成一个具有人物个性头像的。如果模型中眼睛与参考图像中相同，而其他部分足够近似，就基本成功了。

在开始建模时，如果从脸部开始而非从眼球开始，这比通过使用眼球来扩展多边形形成眼睑的效率要低很多。创建眼球的基本模型后，将眼球参照图像放置好，如图 7-4 所示。在眼球的前部，选择 8 个三角形面并让它们形成一个平面，并通过斜切指令形成瞳孔和虹膜，如图 7-5 所示。

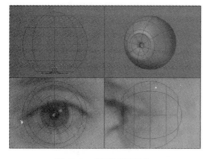 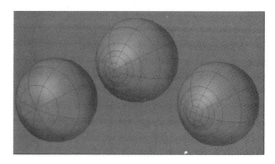

图 7-4　瞳孔平面化　　　　　　　图 7-5　角膜制作为透明材质

完成眼球，还需要创建一个稍大一点的球体，且在球体前面做出一个轻微的凸起。当设置纹理的时候，这个几何体要做成具有反射和折射性质的透明体，使得眼球呈现出玻璃体的感觉。

完成眼球后，继续制作眼睑，可以通过一个八边形的平面来完成眼睑的制作。如图 7-6 所示，通过眼球和参考影像，将平面调整成树叶状。在开始扩展边缘之前，先创建内部眼睑以及被称为眼袋的部位，如图 7-7 所示。

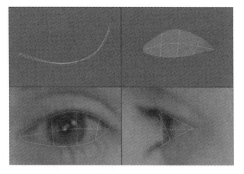
图 7-6　通过平面开始眼部建模

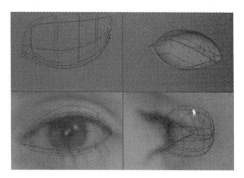
图 7-7　为眼睛内部做出形状

眼球背后的这个眼袋只是额外的几何模型，在后面的建模过程中可以派上用场。如果你打算创建一个 3D 打印模型，这就很有必要，因为当打印的时候，模型的边缘无法打开。

下面开始进行边缘扩展，选择边缘线，挤出 3 次，创建出眼睑。创建足够的边缘圈线很重要，这样在后期制作动画的时候能合适地闭眼而不至于产生不必要的折痕，如图 7-8 所示。

仔细观察参考图像，泪阜位于

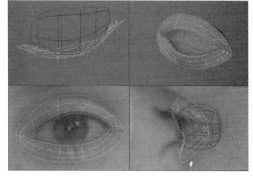
图 7-8　为眼睑制作足够分段

眼睛的内角，为了让这部分做得真实些，要重新创建这块肌肉。为了创建这个局部的细节，可以选择内角的多边形然后斜切几次。也可以利用沿边的额外的多边形，删除角落处最外边的多边形，并且重新创建几何体，如图 7-9 所示。

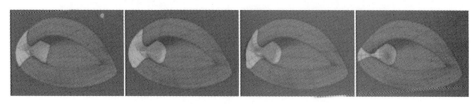
图 7-9　加入泪阜形状

　　要创建眼袋部分，可以将眼睑最外的边线扩展两次，调整好布线，然后镜像复制整个模型，结果如图7-10所示。

　　连接内眼眶4条边缘线构建鼻根，然后扩展所有边缘制作出眼罩，这部分可以多花点时间，以确保眼部区域使人满意，如图7-11所示。

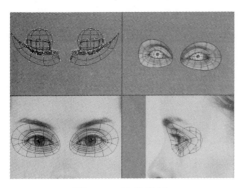
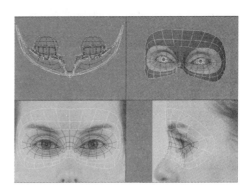

图 7-10　镜像眼部　　　　　　　　　　　　图 7-11　完成眼罩区域

7.1.3　鼻子制作

　　对于鼻子制作，在鼻子区域开始要挤出鼻梁，记下将要用几行边线，再沿着鼻翼扩展。然后用三行线段桥接鼻翼，再通过创建必要的四边形来闭合鼻翼上的孔，如图7-12所示。

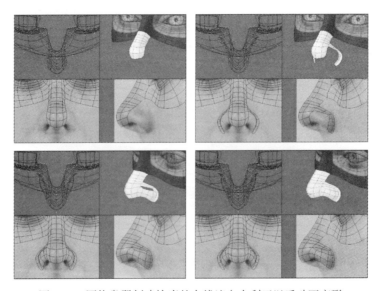

图 7-12　围绕鼻翼创建恰当的布线流向有利于以后动画变形

在鼻尖延长三行边线创建出鼻隔膜，再延伸鼻孔边缘一次，然后用一个单独的多边形将它们连接到鼻翼周边最后一行，如图 7-13 所示。

继续扩展鼻孔内和鼻翼周边的形状，完成鼻翼的造型，如图 7-14 所示。

再延伸鼻孔里面的边线，创建新的多边形并在鼻子内部进行闭合。完成后的鼻子如图 7-15 所示。

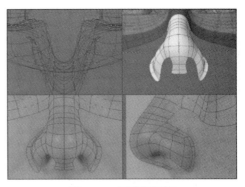

图 7-13　创建鼻隔膜

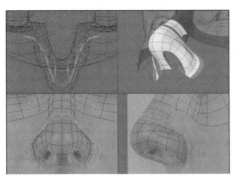 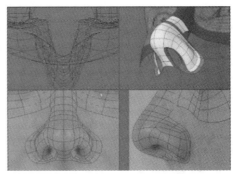

图 7-14　完成鼻翼

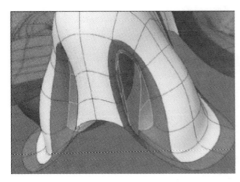 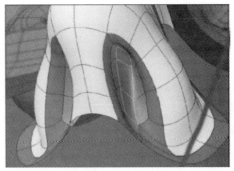

图 7-15　完成的鼻子

7.1.4　笑纹

在制作嘴巴之前，要确保做出笑纹的效果。适当的笑纹应该在嘴巴附近、

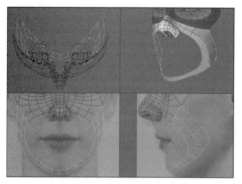

图 7-16　笑纹的布线

经过鼻翼附近，并跨过鼻梁。这个区域通常被建模者忽略，给角色做极端表情的时候会产生一些不好的结果。因此，在制作之前就要考虑全面。图 7-16 是扩展笑纹的过程。

7.1.5　嘴

从鼻子继续扩展来创建嘴不如单独创建嘴有效率，就和创建眼睛一样。嘴的制作，先创建一个 12 边形的平面，并将点依照参考图像进行调整，如图 7-17 所示。将嘴斜切 6 次进行划分，创建成嘴唇和口腔。每次斜切划分，都要依照参考图像调整得好一点，并花时间对模型进行细调，如图 7-18 所示。

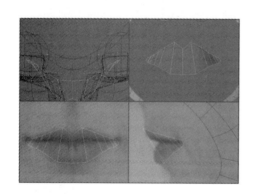

图 7-17　做出嘴的基本型

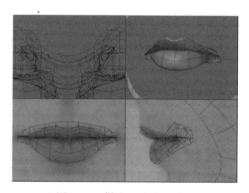

图 7-18　做出口腔内形状

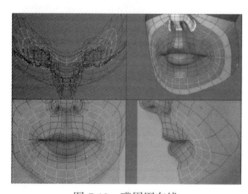

图 7-19　嘴周围布线

在嘴唇的位置，选择嘴的开放边缘然后扩展 3 次，这些边线非常重要，因为它们将会使嘴的变形显得很平滑自然。

在鼻子顶部中心连接 6 个多边形，延伸其余的嘴部边线两次，然后将它们连接到面部的多边形，从而形成无缝的网格模型，如图 7-19 所示。

下面进行下巴轮廓线的制作。当角色张嘴的时候，要求整个下颚做铰链式张开。沿着下颚线创建一行多边形，虽然不是百分之百必要，但对动画制作过程中的变形却肯定有好处。所以从笑纹延长下颚多边形，并扩展到耳根。从下颚线位置扩展多边形并将它们与相邻的多边形连接起来，结果如图 7-20 所示。

在制作耳朵以前，先完成脸部面罩，也称之为"死亡面具"。通过增加前额，简单地扩展出多边形并连接到下颚线。

注意图 7-21 中太阳穴深色面是用来减少流向下颚区域的面。

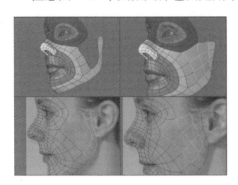 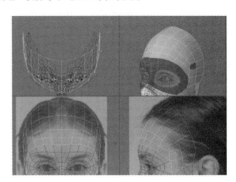

图 7-20　做出下颚骨　　　　　　　图 7-21　调整布线走向

7.1.6　耳朵制作

可以把耳朵看作一个具有特定形状的有机物体。继续使用边缘扩展方法来建立耳朵的外缘，如图 7-22 所示。

参照资料图片，花些时间修补内耳多边形走向，保持所有的面都是四边形，如图 7-23 所示。

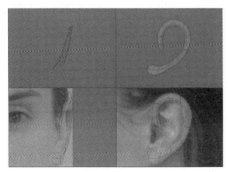 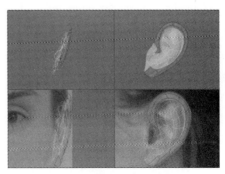

图 7-22　用螺旋状定义外耳形状　　　图 7-23　做出耳内的几何面

接下来就是创建外耳道。选择如图 7-24 中所示的深色面，挤出两次，然后调整成耳道。

将外耳边缘扩展 3 次，并将产生的面包裹到耳后，然后扩展到与脸罩部分相连接，如图 7-25 所示。

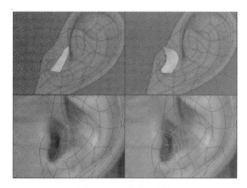

图 7-24　做出耳道

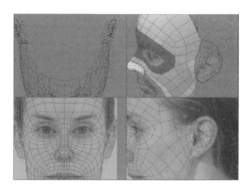

图 7-25　创建耳朵背后并与脸部相连

7.1.7　完成头部

在眼睛、鼻子、嘴以及耳朵完成的情况下，还有一些工作需要完成，从前额边线开始，挤出 11 次，一直到脖子，并将其与其他已有的面做无缝连接，如图 7-26 所示。

然后沿着下颚线创建咽喉区域，并与脖子相连，如图 7-27 所示。

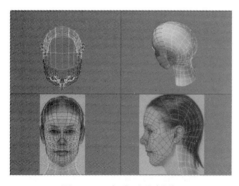

图 7-26　完成后脑部分

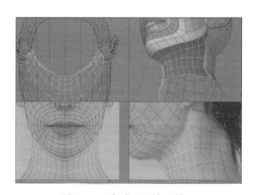

图 7-27　完成下颚与颈部

最后，重新调整表面网格以获得最好效果，如图 7-28 所示。

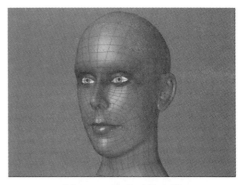

图 7-28 完成后的头部

7.2 用盒子建模方法制作头部

用一个基本几何体开始头部建模，通常采用一个立方体。盒子建模也可以利用角色的对称性，仅做一半模型即可。

7.2.1 用一个简单的立方体开始制作

首先建立 Polygon 立方体，并将其设置划分为 6、4、3。

将立方体的轴心移到底部，然后将其缩放到与参考图大小相近，然后删除左边一半，如图 7-29 所示。许多建模者在开始就划分很多网格，这是不合理的。保持简单网格布线时间尽可能长一点，就越容易定义形状，使模型更容易变化。选择前排第二列点，将其移到鼻梁侧面位置，如图 7-30 所示。

图 7-29 创建立方体

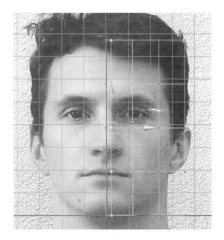

图 7-30 定义鼻梁宽度

将第三列点移到眼角和鼻梁之间的位置，如图 7-31 所示。在侧视图中调整形状，把额头与下巴以及耳朵的位置确定好，如图 7-32 所示。

图 7-31　调整鼻梁大小

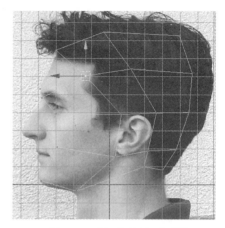

图 7-32　侧面调整额头形状

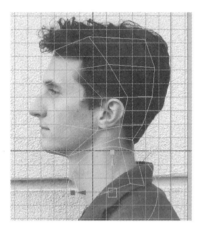

图 7-33　挤出脖子

选择边，挤出脖子大概形状，如图 7-33 所示。

调整脖子处肌肉的走向，如图 7-34 所示。

调整面部中间一些点，形成鼻根形状，如图 7-35 所示。在颈部增加线，如图 7-36 所示。

调整喉结处，如图 7-37 所示。在头部纵向加线，如图 7-38 所示。

将颈部肌肉拉向外侧，如图 7-39 所示。面部纵向也加线，如图 7-40 所示。

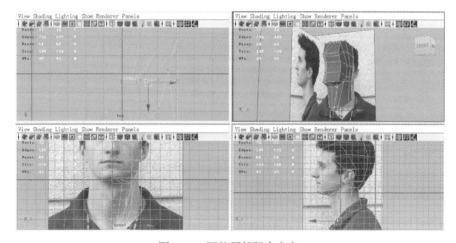

图 7-34　调整颈部肌肉走向

图 7-35　调整头部形状

图 7-36　调整颈部形状

图 7-37　调整喉结形状

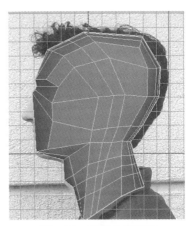

图 7-38　调整头部形状

图 7-39　调整脖子形状

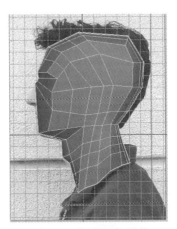

图 7-40　调整面部形状

7.2.2　五官建立

将嘴部的面简化为一个面，如图 7-41 所示。选择嘴部的面，进行 Extrude 操作，删除靠近中线的面，然后将 Extrude 生成的面做缩放调整，如图 7-42 所示。

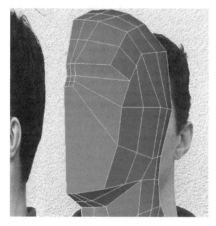

图 7-41　嘴巴的定位

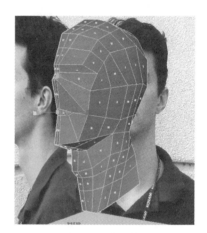

图 7-42　嘴巴大型

将选择的面移到嘴部，删除面，如图 7-43 所示。在嘴周围再加一圈线，如图 7-44 所示。

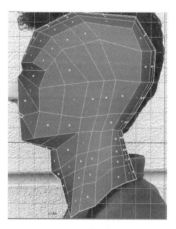

图 7-43　嘴巴调整

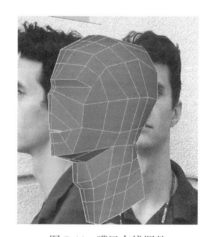

图 7-44　嘴巴布线调整

在眼下横向加入一条线，如图 7-45 所示。将眼窝处的面中的线段删除，使其成为多边形的一个面，如图 7-46 所示。

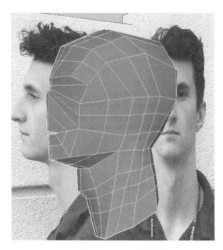

图 7-45　加线调整

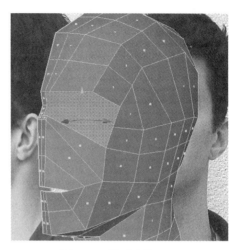

图 7-46　眼睛定位

对选择的面执行 Extrude 命令，然后缩小，并删除面，如图 7-47 所示。在这里结合眼球，围绕删除面形成的孔插入边线，形成眼睛形状的圈线，由此向外扩展这些循环圈线，形成眼睑。在眼睛周围插入线，如图 7-48 所示。

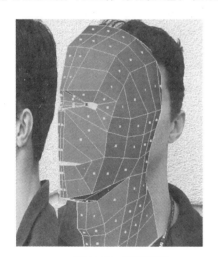

图 7-47　眼睛调整

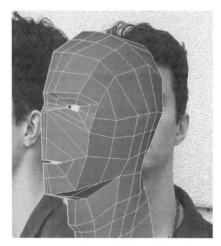

图 7-48　调整眼睛布线

选择耳朵部位的 4 个面执行 Extrude 命令，然后删除先产生的面中的线，如图 7-49 所示。在眼睛下面加入一条线，如图 7-50 所示。

嘴角再加一条线，如图 7-51 所示。在侧视图和顶视图中调整好嘴角，使嘴角处至少有 3 条线，如图 7-52 所示。

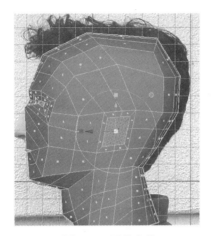

图 7-49　耳朵定位

图 7-50　再次调整眼睛

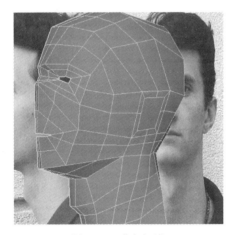

图 7-51　嘴角加线

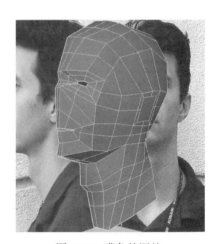

图 7-52　嘴角的调整

调整好嘴部形状，加线，如图 7-53 所示。要做好眼睛，与扩展法一样，需要先做好眼球来调整眼睛周围的多边形面。创建 NURBS 球体，将其放到眼睛所在位置，如图 7-54 所示。

将球体设为 Live，这样当移动眼睛的点的时候会锁定在眼球上。调整好眼睛附近的形状后，在眼角处加入一条线，如图 7-55 所示。

继续调整眼睛周围的形状，插入一圈线，如图 7-56 所示。

在内眼角处加入线段，如图 7-57 所示。再次加入一圈线新形成更多细节，如图 7-58 所示。

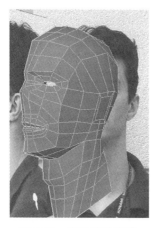

图 7-53 嘴角形体完善

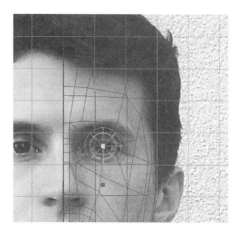

图 7-54 眼球的定位

图 7-55 眼睛形状调整

图 7-56 眼眶形状的调整

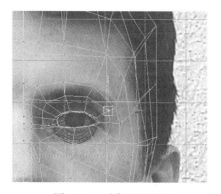

图 7-57 再次调整眼眶

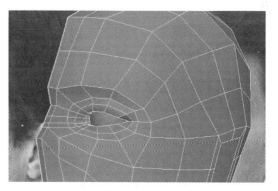

图 7-58 上下眼皮的调整

　　调整后再加入两圈曲线，如图 7-59 所示。调整眼部点的位置，完善形状，
如图 7-60 所示。

 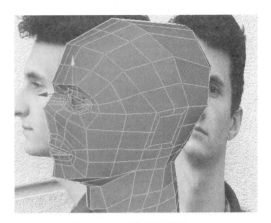

图 7-59　眼睛形状调整　　　　　　　　图 7-60　双眼皮的调整

在眼睛边缘加入一圈线，这样当光滑显示时可以固定眼皮边缘，如图 7-61 所示。调整后再加入线，如图 7-62 所示。

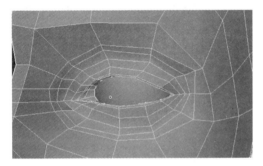 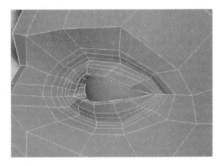

图 7-61　眼睛形状固定　　　　　　　　图 7-62　眼睛形体完善

继续在眼角处加入线，如图 7-63 所示。

选择内眼角如图 7-64 所示的面，对选择面执行 Extrude 命令后，调整，如图 7-65 所示。

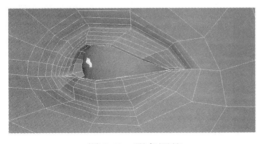 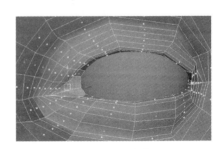

图 7-63　眼角调整　　　　　　　　　　图 7-64　眼睑定位

再次选择内眼角面进行挤出操作，并将 Offset 设为 0.02，调整后再次选择面进行挤出操作，最后调整如图 7-66 所示。

图 7-65　眼睑调整

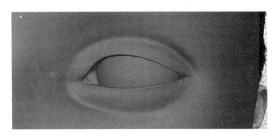

图 7-66　眼睛形状最终效果

选择鼻子处的面，如图 7-67 所示。进行挤出操作，删除侧面的面，调整形状，如图 7-68 所示。

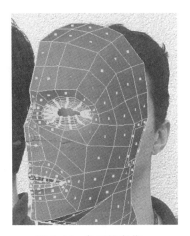

图 7-67　鼻子的定位

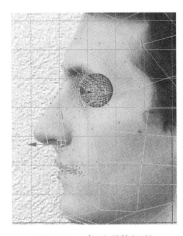

图 7-68　鼻子形状调整

在笑纹处再插入线，如图 7-69 所示。

将鼻子调整，如图 7-70 所示。

调整鼻子部分，如图 7-71 所示。选择鼻翼处的面，再次进行挤出操作，如图 7-72 所示。

调整形状，保持布线的流畅，如图 7-73 所示。

选择如图 7-74 所示面，准备细化鼻头部分。进行挤出操作，然后调整，如图 7-75 所示。

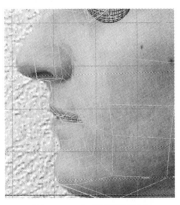

图 7-69　加线调整鼻子

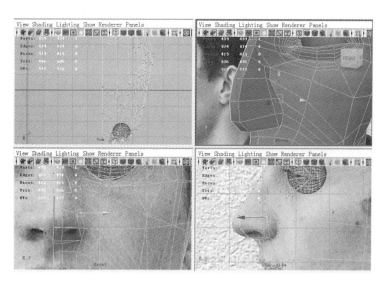

图 7-70　鼻子调整

图 7-71　再次鼻子调整

图 7-72　鼻头的制作

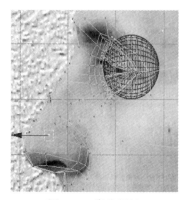

图 7-73　鼻头调整

选择面，做挤出操作，然后进行调整。如图 7-76 所示。将鼻孔处的面修改为一个面，如图 7-77 所示。

选择面并做挤出操作，然后进行缩小操作，如图 7-78 所示。再经过几次挤出操作后做出鼻孔，如图 7-79 所示。

在鼻孔处插入线，如图 7-80 所示，调整后，在上嘴唇处再插入两条线，如图 7-81 所示。

图 7-74　鼻头再次调整

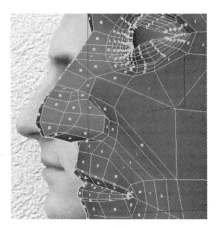

图 7-75　完善鼻头形状

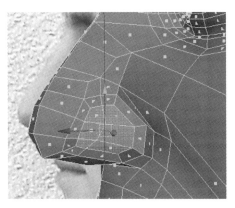

图 7-76　鼻翼的制作

图 7-77　鼻孔定位

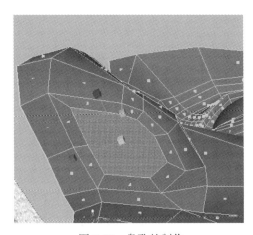

图 7-78　鼻孔的制作

图 7-79　鼻孔调整

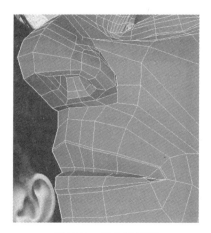

图 7-80　鼻孔的调整

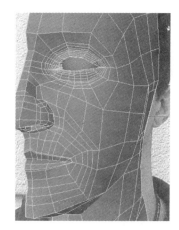

图 7-81　嘴部上部的调整

　　删除插入两条线中间的一条线。再重新插入两条线，如图 7-82 所示。在脖子处加两条线，如图 7-83 所示。

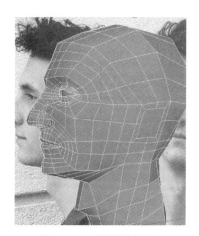

图 7-82　面部形体调整

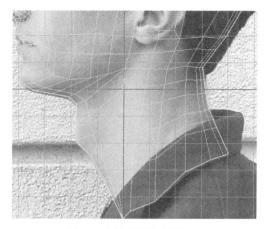

图 7-83　脖子形体调整

　　挤出耳朵面，调整形状，如图 7-84 所示。加线，按照耳朵外轮廓结构进行调整，注意耳蜗部分，如图 7-85 所示。

　　对于耳朵的结构，我们可以多找一些参考资料，先划分出耳朵内结构，如图 7-86 所示。选择面，如图 7-87 所示。

　　将耳朵结构进行调整，如图 7-88 所示。选择如图 7-89 所示的面。

　　对选择的面进行挤出操作，然后 Offset，调整点，如图 7-90 所示。加入线，如图 7-91 所示。

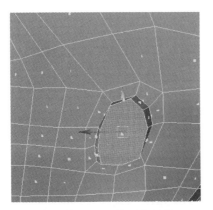

图 7-84　耳朵大体形状制作

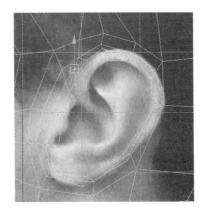

图 7-85　耳朵形状调整

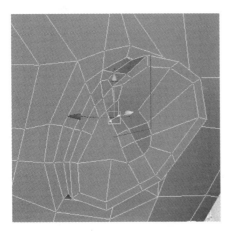

图 7-86　耳朵内部结构

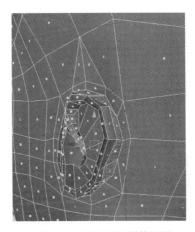

图 7-87　耳朵后面形状调整

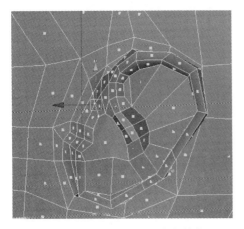

图 7-88　再次调整耳朵内部结构

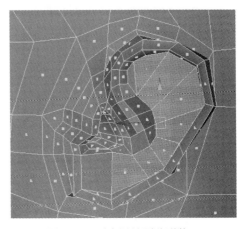

图 7-89　再次调整耳朵形状

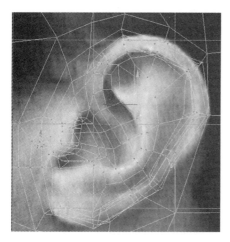

图 7-90   耳朵内部结构调整

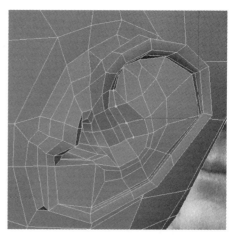

图 7-91   完善耳朵形状

调整加入的线的位置，如图 7-92 所示。解决耳朵模型上的五边形面。

创建角色模型的时候应该注意不要出现多于四边的面，现在把耳朵上多于四边的面解决掉。利用分割多边形命令，手动改变布线，结果如图 7-93 所示。

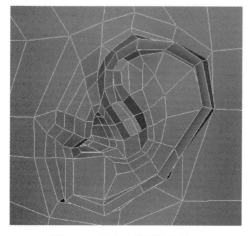

图 7-92   再次完善耳朵结构

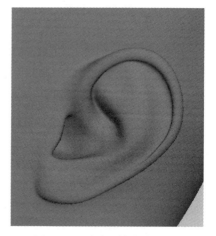

图 7-93   耳朵整体完成

现在模型基本完成，再次调整形状，执行 Smooth，最后效果如图 7-94 所示。

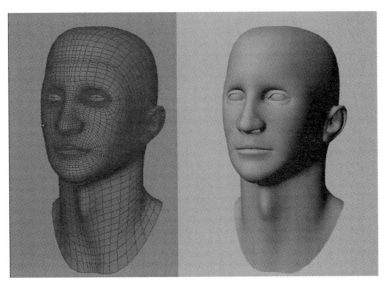

图 7-94 最终模型效果

7.3 四足模型的创建

7.3.1 新建工程目录

四足生物与两足生物在形体上有较大区别，这里我们选择马作为建模对象，其他四足生物建模过程与之基本类似。在工作开始之前，尽可能多收集一些马的参考资料，如图 7-95 所示。

图 7-95 马的参考资料

马的解剖、骨骼结构、肌肉结构等资料也能为建模提供很大的帮助，如图 7-96 所示。

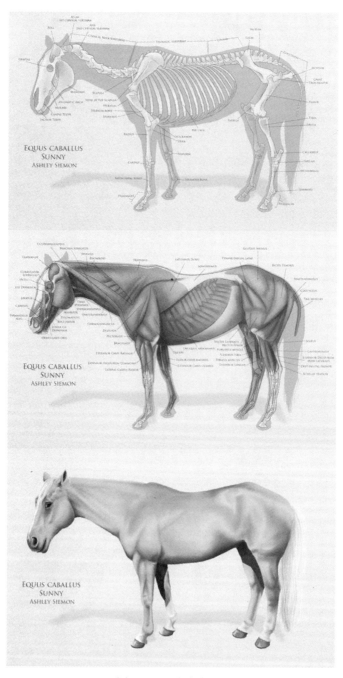

图 7-96　马的解剖图

7.3.2　参考图的导入与调整

首先，我们要新建一个工程目录，将其命名为 Horse，在做模型之前，要把该模型的参考图导入，把视图切换到 Side（侧）视图，然后把参考图导入，如图 7-97 所示。

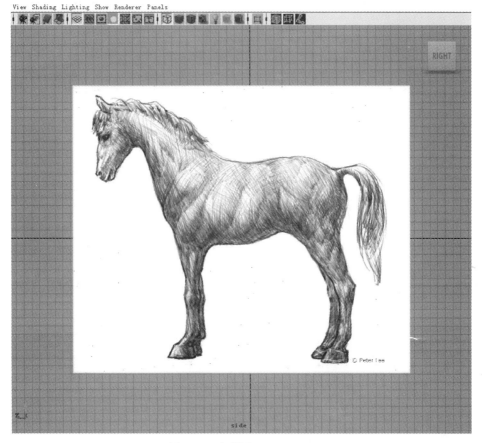

图 7-97　参考图 ch2horse_ref

点击 View > Select Camera，在键盘上按 Ctrl+A 打开属性面板，在 imagePlane1 > Placement Extras 下做如图 7-98 所示的调整。

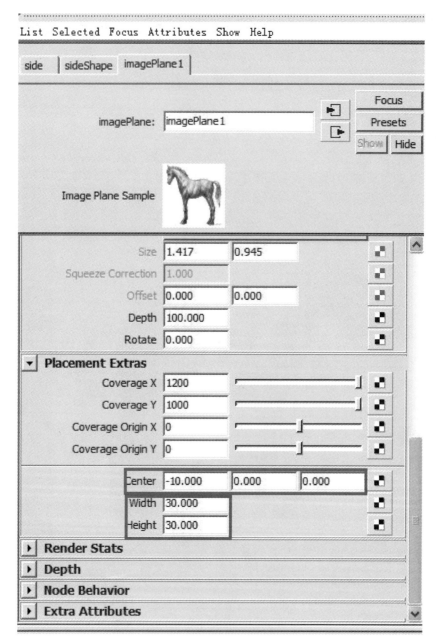

图 7-98　参数调整

7.3.3　马身体的制作

对于马的主体，我们用多边形的正方体通过加线和挤出、调整形状的方法来制作。首先，我们创建一个盒子，来调整原始模型。刚创建的正方体分段数过少，而且比例太小，不符合后面编辑的要求，在 Maya 视图右侧的创建历史中调节参数，将在 X、Y、Z 三个方向分别将段数设为 4、3、3，如图 7-99 所示。

切换视图到 Side 视图，通过移动和缩放工具来调整盒子的大小和位置，如图 7-100 所示。

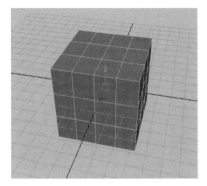

图 7-99　调整比例和段数

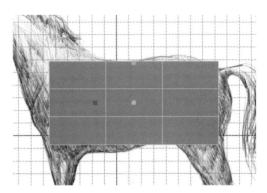

图 7-100　马身体的基本比例和位置

切换视图到 Persp（透视）视图，按下 F11 键到物体的面层级，选择左边一半的面，按键盘的 Delete 键删除，如图 7-101 所示。

切换到物体的点的层级，通过移动工具把正方体调节成马身体的大致形状，如图 7-102 所示。

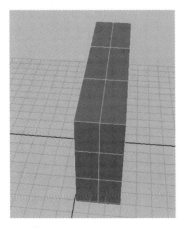

图 7-101　删除一半的面

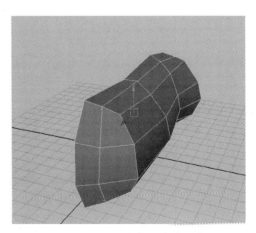

图 7-102　马身体的大致形状

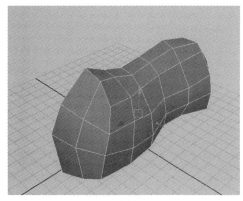

图 7-103　身体形状完善

根据身体的造型变化，插入圈线，在相应的位置添加两条结构线并调整形状，把基本的造型起伏位置确定下来，如图 7-103 所示。

在模型上单击鼠标右键切换到面级别，选择侧面下方的一个面，依次执行挤出命令，并用缩放和移动工具塑造前腿结构，如图 7-104 所示。

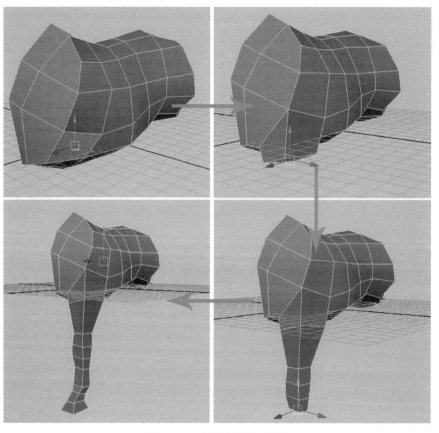

图 7-104　前腿形体和比例

用同样的方法，选择后面一个面，依次执行挤出命令，并用缩放和移动工具塑造后腿结构，如图 7-105 所示。

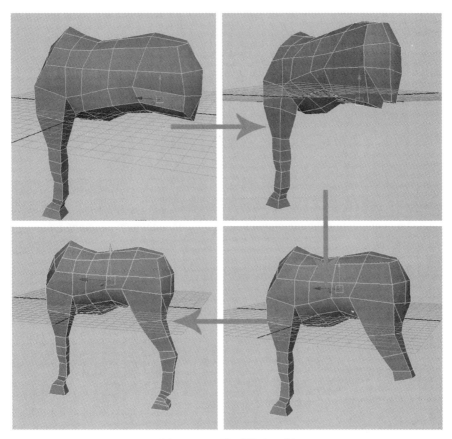

图 7-105 后腿形体和比例

在确保 Keep Faces Together 是勾选的状态下，选择胸部前方的两个面制作出马的颈部和头部的大致形状，依次执行挤出命令，并通过移动和缩放工具调整结构，如图 7-106 所示。

在执行 Extrude 命令后，背后会出现多余的面，我们应将其选中并删除，然后执行 Edit > Duplicate Special 打开属性面板，选择复制类型为 Instance，调整参数，复制出来另一半模型，这样对原始的一半模型进行修改时，复制的另外对称部分也一样会发生改变，如图 7-107 所示。

下面开始要逐步加细节完善，首先从头部开始，添加两条线段，并调整完善形状和结构，如图 7-108 所示。

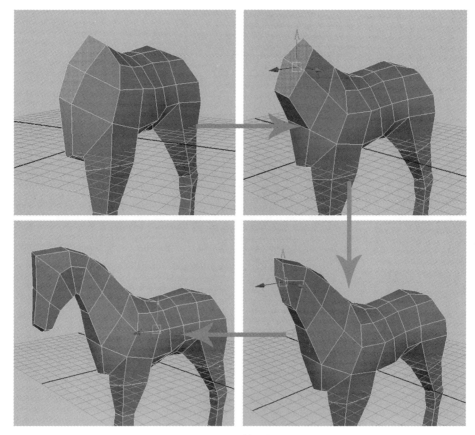

图 7-106　马整体比例和形状

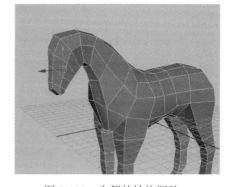

图 7-107　属性参数调整　　　　　　　　图 7-108　头部的结构调整

选择头部的两个面，确定眼睛的位置，在确保 Keep Faces Together 是勾选的状态下，执行挤出命令，并通过移动和缩放工具调整马眼眶的形状，并删除最后挤出的面，如图 7-109 所示。

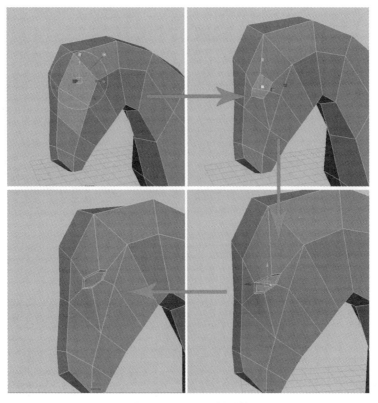

图 7-109　马眼眶的形状

选择前面的一个面，确定出鼻子的位置，通过执行挤出命令来完成，如图 7-110 所示。

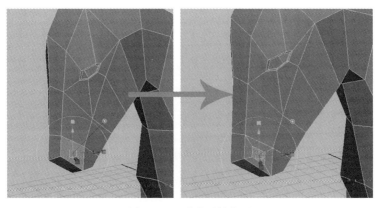

图 7-110　马鼻子的位置

再次插入 3 条线，调整鼻子的形状，如图 7-111 所示。

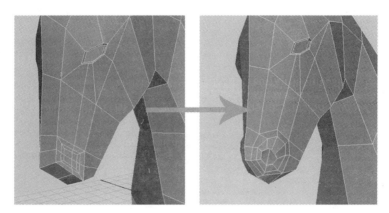

图 7-111 马鼻子基本形状和结构

选择鼻子下面的两个面，确定嘴的位置，通过挤出命令、再用移动和缩放工具来调整结构，并删除口腔内多余的面，形成马嘴的基本形状，如图 7-112 所示。

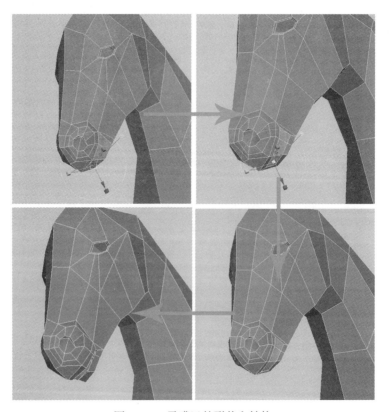

图 7-112 马嘴巴的形状和结构

在颈部和头部插入两条线，并调整马的整体形状和结构，如图 7-113 所示。

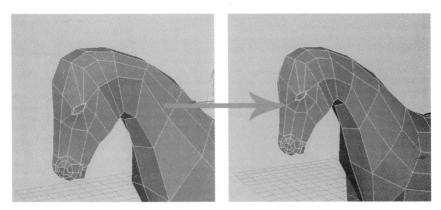

图 7-113　马整体结构完善

马耳朵的制作从头部一个基本面开始，选择头顶的一个面，确定马耳朵的位置，挤出耳朵，通过移动和缩放工具调整耳朵结构，增加一些细节，如图 7-114 所示。

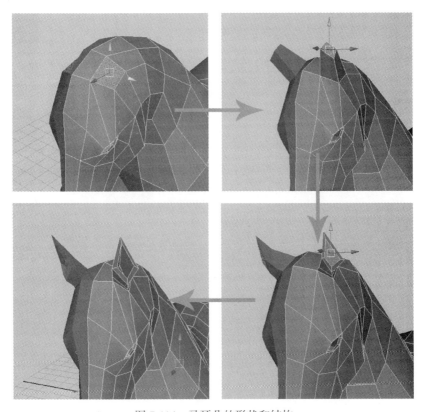

图 7-114　马耳朵的形状和结构

在整体大的形体确定完时，需要加一些线使形体更完善和生动。在腿部插入 3 条线，并作以调整使腿部形体完善，如图 7-115 所示。

图 7-115　完善马腿部形体

下面要调整最终形体效果，在前腿部插入 4 条线，按照马的肌肉解剖结构，作以调整使前腿细节完善，如图 7-116 所示。

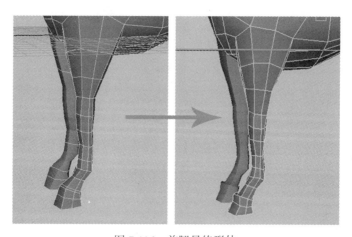

图 7-116　前腿最终形体

以同样的方法调整后腿，在后腿部插入 4 条线，并作以调整使后腿细节完善，如图 7-117 所示。

完善头部的细节，使模型更生动。首先调整眼眶，在眼睛部位插入 4 条线，并通过移动工具调整形状，如图 7-118 所示。

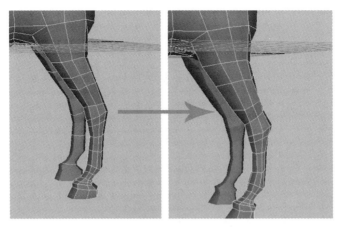

图 7-117　后腿最终形体

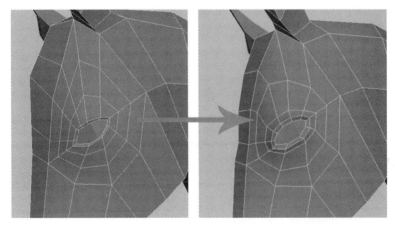

图 7-118　眼睛的形状

在眼睛和鼻子中间插入一条线，调整形状，使布线更均匀，形状更生动，如图 7-119 所示。

打开划分多边形指令属性面板，把 Split only from edges 前面的对钩去掉，如图 7-120 所示。

在鼻子到眼睛之间加两条线段，改变布线结构，调整形状，如图 7-121 所示。

用同样的方法在嘴巴和头顶之间也用分割多边形工具加两条线，调整形状，如图 7-122 所示。

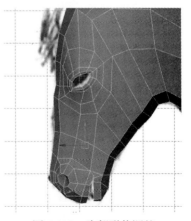

图 7-119　头部形状调整

Split Polygon Tool　　　　　　　　　　　Reset Tool　　Tool Help

Description

Draw a line across a face to split it into two more new faces.
The line must start and end on an edge.
Each time it touches an edge a new face will be created.

Settings

Divisions: 1 (vertices added per edge)

Smoothing angle: 0.0000

□ Split only from edges
☑ Use snapping points along edge

Number of points: 1 (1 = snap to midpoint)

Snapping tolerance: 10.0000

图 7-120　分割多边形工具属性面板

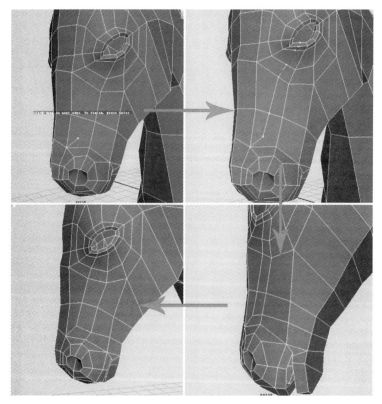

图 7-121　头部形体的调整

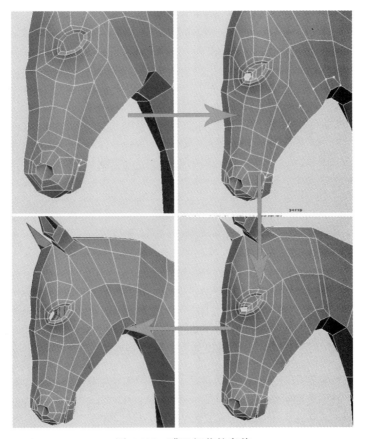

图 7-122　嘴巴细节的完善

在马的胸部到嘴巴的位置加入两条线段，调整形状，并增加更多细节，如图 7-123 所示。

插入一条线在嘴巴上，调整嘴巴形状，如图 7-124 所示。

再次使用 Edit Mesh > Split Polygon Tool 命令，在嘴巴和头顶之间加两条线段，调整头部和嘴巴的最终形状，如图 7-125 所示。

在马的颈部插入两条线，调整形状，如图 7-126 所示。

选择马后面的两个面，确定尾巴的位置，挤出尾巴，并通过移动和缩放工具调整尾巴的大致弯曲方向，删除挤出内侧多余的面，如图 7-127 所示。

删除另外一半模型，执行镜像指令，打开属性面板，把轴向调为 -X，其他保持不变。然后在右边的历史通道上把合并的距离改为 0.01，如图 7-128 所示。

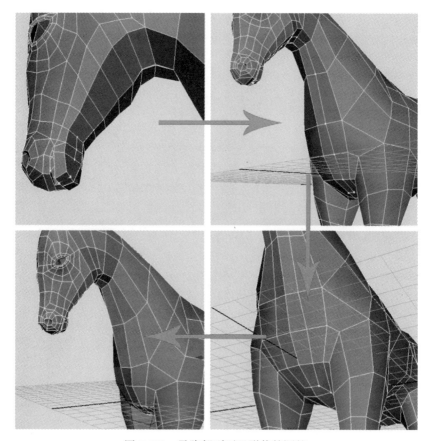

图 7-123 马胸部到下巴形状的调整

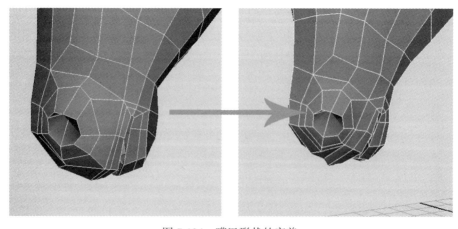

图 7-124 嘴巴形状的完善

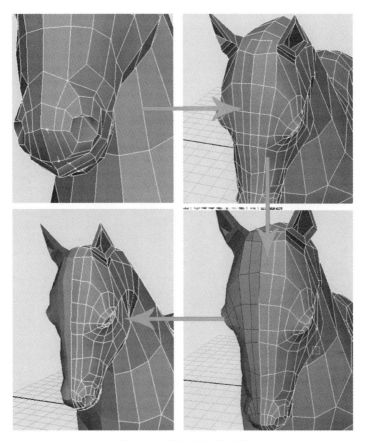

图 7-125 马头部完善效果

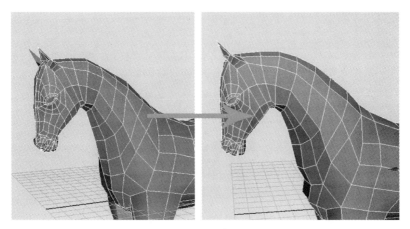

图 7-126 马颈部的调整

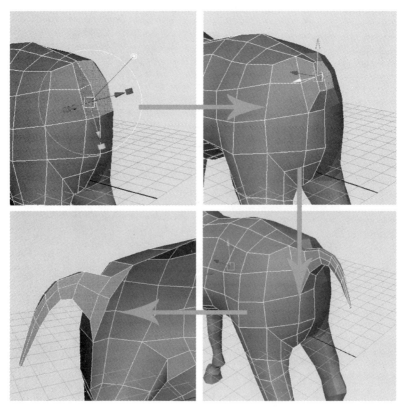

图 7-127　尾巴的调整

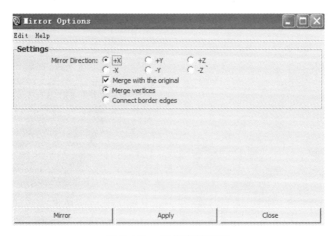

图 7-128　镜像参数调整

　　选中模型并执行 Normals>Soften Edge 命令，看模型主体效果，如图 7-129 所示。

最后创建多边形球体，缩放球的大小，将其移动到眼睛位置作为眼球，同时复制一个，移动到另一边，作为另一侧的眼球，整体模型完成，然后可以在 Zbrush 中进行细节调整，最终效果如图 7-130 所示。

图 7-129 模型主体效果   图 7-130 马的最终效果

7.4 用数字雕塑完成四足生物的建模

7.4.1 数字雕塑简介

数字雕塑软件有很多种，其中 Zbrush 是目前较为常见的一种，在游戏建模中常常用到。通常会创建一个低分辨率和一个高分辨率的模型，将具有高细节的模型通过映射烘焙出法线贴图，然后将其贴在低分辨率模型的法线贴图通道上，使其表面具有光影分布的渲染效果，能大大降低表现物体细节所需的面数和计算内容，从而达到优化动画和游戏的渲染效果。

Zbrush 与前面学习的方法的主要区别就是不用过多考虑拓扑和多边形走向。它通常是从一个基本形体（如球体等）开始的，或者是导入其他三维软件产生的三维物体进行修改完善的。这种方法不用关注多边形结构，但可以在完成高分辨率模型后，使用 Retopology 重现和完善多边形网格的表面流向。图 7-131 显示的是 Zbrush 主要的笔刷雕刻工具。

还可以用 Alpha（一种灰度图像）进一步增强这些雕塑笔刷。当灰色影像用作 Alpha 时，影像中的细节控制着笔刷的形状。

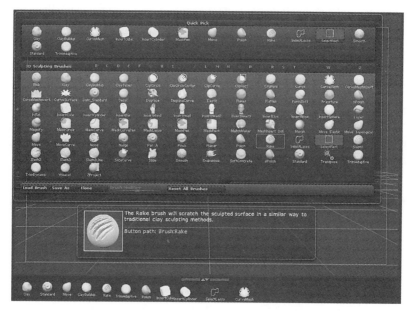

图 7-131　Zbrush 常见的雕刻笔刷

　　我们这里展现使用 Zbrush 创建马的过程。Alpha 能给我们无限的自定义笔刷工具。图 7-132 是 Alpha 图库，笔刷与灰度的 Alpha 纹理相结合将会使我们拥有更强大的雕刻工具。

图 7-132　笔刷与灰度的 Alpha 纹理相结合将更强大

7.4.2　用 Z 球做出基本姿态

首先，使用 Z 球，Z 球是 Zbrush 独有的一种工具。我们用这个工具做出了一个马的形态，如图 7-133 所示。

我们也利用了对称选项，到 Transform 中开启 Activate Symmetry 对称（快捷键 X），要注意这里的对称有 X、Y、Z 轴对称。对称是一个

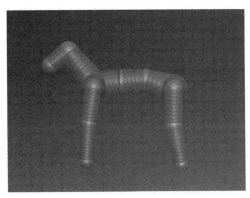

图 7-133　Z 球做出马的基本型

很好的特性，因为大多生物或多或少都是对称的，如图 7-134 所示。

调整出马奔跑时的动态。点击 A 键可相互切换 3D 形态。到这里，马的基本形态已经出来，如图 7-135 所示。

切换到 3D 形态后，点击 TOOL 工具栏的 Make PolyMesh3D，转换成 3D 模式。也可以在 Zbrush 界面的右上角找到 Make PolyMesh3D 指令。要注意 Make PolyMesh3D 在 Z 球的形态下是点击不了的。图 7-136 是转换为 3D 形态后的马。

7.4.3　刻画细节

用 Move 笔刷，拉出马的肌肉形态。从 Tool 中找到 Geometry>Divide 细分模型，增加面数，如图 7-137 所示。

细分之后，可对模型进行更加精细的雕刻。笔刷 Clay、ClayBuildup、Inflat、Move、Smooth 交替使用（Smooth 要按住 Shift 键使用）。为了雕刻的细节更深入，将 Divide 增加一级。根据马的肌肉结构走向进行雕刻，如图 7-138 所示。

图 7-134　设置 Zbrush 的
Transform 选项

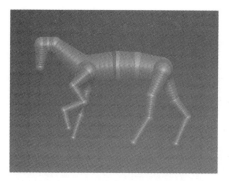

图 7-135　马的奔跑形态

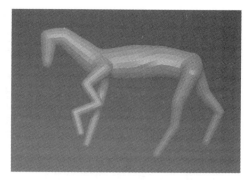

图 7-136　转换为 3D 形态后的马

'图 7-137　进一步细化后的模型

图 7-138　细化肌肉

制作马蹄。先选择 Tool 工具栏中 Subtool，按住 Append 出现一个对话框，选中 Sphere3D。附加上的是一个球体。通过 M（移动）、S（缩放）、R（旋转），利用这几个指令对球体进行挤压。使用用笔刷 TrimDynamic 进行抹平，按住 Alt 键，使用 Standard 笔刷使其凹下去。用 Tool > SubTool > Duplicate 复制马蹄，这样复制的马蹄不在一个层里，便于以后移动，如图 7-139 所示。

按住 Alt 键使用 Standard 笔刷抠出马眼睛大概的位置。Tool > SubTool > Append 附加 Sphere3D，附加上马的眼球。此时只得到一个球体，Zplugin>SubTool Master > SubTool Master > Mirror 出现一个对话框，选择要对称的轴（X、Y、Z），如图 7-140 所示。

拉出马尾巴。用笔刷 SnakeHook 拉出，笔刷 Move Inflat 交替使用。如果拉出的细分程度不够，可在电脑运行的情况下细分。如不能，可附加一个 Sphere3D，马脖子上的毛也是用同样的方法来做。用笔刷 Move、Dam（Standard）笔刷交替使用，进行细致雕刻，如图 7-141 所示。

图 7-139　马蹄的制作

图 7-140　眼窝的制作

马面部和耳朵的雕刻。参考马的图片,打开对称,用笔刷 SnakeHook 拉出。用上述提到的笔刷交替使用进行雕刻(这些笔刷是最常用的笔刷,可根据个人喜好选择使用),如图 7-142 所示。

图 7-141　拉出马尾

图 7-142　马尾的细化

将马皮肤做一定的光滑处理,然后添加噪点,可以使用 Tool → Surface → Noise。弹出对话框,根据自己的要求调整噪点的大小和深浅。最后效果如图 7-143 所示。

图 7-143　完成后的马

第 8 章
NURBS 建模

8.1　NURBS 基本性质

　　NURBS 是英文 non-uniform rational B-splines 的缩写，中文译为非均匀有理 B 样条。为了理解 NURBS，应该知道 NURBS 物体是一条曲线或表面的数学描述。在 NURBS 曲线或面上，任何一个点都有一个精确的坐标值，而在多边形表面上，则只有在点的位置具有坐标值。

　　因为构建表面时，表现出光滑以及数据量小的特点，NURBS 常常用在许多有机类型的三维物体上。NURBS 三维数据类型用 IGES 文件格式能很容易输出到 CAD 软件。另外，也可以通过 Autodesk® Direct Connect® 转换插件将各种贝塞尔曲线和 NURBS 类型数据从很多 CAD 应用软件输入 Maya。如果在你的场景中只要求用 Polygon 模型，也可以先用 NURBS 建模，然后将其转换为 Polygon 模型。

　　比较 NURBS 和多边形表面的差异，一个很好的比喻就是：Adobe Illustrtor 和 Flash 里的矢量图型与 Adobe Photoshop 里的位图之间的差异。因为矢量线是以数学方式画到屏幕上的，不管如何放大，它们总是保持光滑；而位图则由有限的被称为像素的矩形构成，当以正常分辨率观看时，察觉不到它们，但放大后就可以看到它们是由成千上万的像素组成的。

8.1.1　NURBS曲线成分

　　（1）编辑点（Edit point，EP）。当 Maya 画下曲线，软件将多端曲线连接起来的线段，称作 Spans。这些线段的点称为编辑点（有时称为 knots）。一个编辑点位于曲线上，由小 x 表示，能选择并移动编辑曲线的形状，也能用 Insert Knot 命令在曲线上增加编辑点。

　　（2）控制点（Control vertice，CV）。CV 控制曲线如何"拉动"或"权重"的编辑点。CV 基本定义了曲线或表面的形状。编辑点之间的 CV 数量取决于曲线的度数。

　　（3）曲线点（Curve point，CP）。NURBS 技术最大的特点之一是曲线是通过数学方式计算的，沿着曲线的任何曲线点都能选择调整。一旦一个曲线点被选择，knot 可以插入或将曲线分开。

（4）Hull。Hull 是连接 CV 的直线，选择一条 Hull 将选择曲线上所有的 CV。

在曲线上点右键可以显示编辑曲线成分。如果想一次显示，选择多种成分，可以使用状态栏的选择遮罩。

8.1.2　NURBS 表面的成分

NURBS 表面包含一些和 NURBS 曲线相同的成分，图 8-1 显示的是 NURBS 的组成成分。

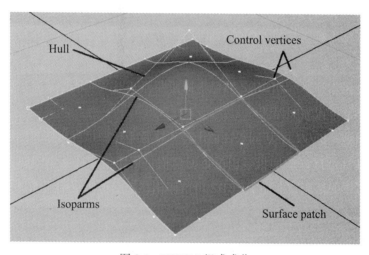

图 8-1　NURBS 组成成分

在 NURBS 曲面中，CV、Hull 与 NURBS 曲线功能相同。然而 NURBS 表面也有些完全不同的特性。

（1）Isoparms 位于 NURBS 表面并以恒定的参数延伸至整个平面。正如编辑点表示曲线间距的端点一样，Isoparms 表示表面片之间的分界线。Isoparms 可以被选择和添加，但不可以直接编辑。

（2）Surface point 表面点是在表面上的任意点，与曲线点相似。

（3）Surface patch 面片是由 Isoparms 围起来的区域。

8.2　了解 NURBS

如果 Polygon 表示用雕刻的方法来进行三维建模，那么 NURBS 建模则类似制造过程。多边形是雕刻挤出合并成型的，而 NURBS 则在建模过程中采取弯曲焊接附着以及重构等，这更类似于一条装配线，多边形建模则类似于大理石和黏土的雕塑过程。目前 NURBS 凭借着固有的数学上的精密度已被大多 CAD/CAM 软件所采用。不需要输入数学公式来生成曲线，Maya 能为你做这一切，你只需要简单地操作一下控制点（CV）、编辑点（EP），以及 Hull，Maya 就帮你画好曲线。

8.2.1　曲线

使用曲线绘制工具时，可以设定它的次数（Degree），曲线的次数是指用在定义集合体的多项式方程的幂。对 Maya 用户则意味着等同于控制点的数量。NURBS 权限或曲面的一个间距的 CV 数量总是等于曲线的次数加 1。因此，一次（线性）曲线有两个控制点，即开始和结尾处。一次曲线总是直线。Maya 允许 NURBS 物体有 1、2、3、5、7 次，通常 Maya 默认的次数为 3。

曲线方向是由画它的次序决定的，称为曲线的 U 方向。曲线的开始处由一小矩形表示，第二个 CV 用 U 表示。曲线的方向可以用 Reverse Curve Direction 改变。了解曲线的方向在某些操作时候非常重要，尤其是涉及连接和合并曲线的时候。

曲线是有效地使用 NURBS 的关键，因为许多表面工具如 Loft Boundary Revolve 等构建表面都是来自曲线的。图 8-2 是一度、二度、三度曲线的剖析。我们通常用一度曲线和三度曲线。中间和左边曲线是从右边的三度曲线复制而来的，然后重建成一度和二度曲线，为了尽可能保持原来曲线的形状，在重建曲线选项里设置 Keep CVs。

一度曲线有 9 个跨度，二度曲线则有 8 个跨度，而三度曲线有 7 个跨度。可以看到，读数越高，就越光滑且具有更少的跨度。这三段曲线都有相同的 CV 点，这意味着高度数对于跨度来说有更多的 CV 点，因此在高度数曲线中有更多控制点可以调控。下面通过实际操作体会一下。

（1）建立新文件，画出 3 条曲线。

（2）Window > Settings>Preferences 打开 Preferences 选项窗口，并在 Display 分类里将 Region of effect 设为 On。

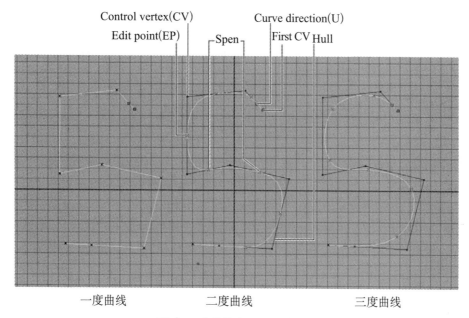

图 8-2　曲线的度以及组成成分

（3）状态栏，确定选择组件类型为点、Parm Point、Hull。

（4）Shift+ 选择每一条线，打开每条线的组件选择。

（5）Shift+ 选择每一个点。

线的白色高亮部分显示出有多大部分被所选择的 CV 点所影响，这个范围称为 Region of Effect。每个线性曲线 CV 仅仅影响两个跨距，在二度曲线中每个 CV 点影响 3 个跨距，而在三度曲线中则影响 4 个跨距。由于移动 CV 点，会有更大部分曲线受影响，因此三度曲线在调整时也有些难以控制，如图 8-3 所示。

到目前为止，你可能认为二度曲线在三根曲线中平衡了跨距数和 CV 点数，其实并非如此。

（1）在状态栏中只选择显示 Edit point 和 Hull。

（2）在线性曲线上选择并移动一个 EP 点，确定移动工具选项打开，确定设置到 Normal。你将看到曲线能预计移动到什么位置。

（3）现在在二度曲线上移动一个 EP，整个线会发生很糟糕的扭曲。以后，当我们创建曲面时候，我们将会移动用来产生曲面的 EP 。如果用二度曲线创建曲面，整个曲面将会扭曲，就像这个曲线一样糟糕。

（4）选择移动三度曲线的 EP 点，注意曲线也有些变形，但还可以接受。

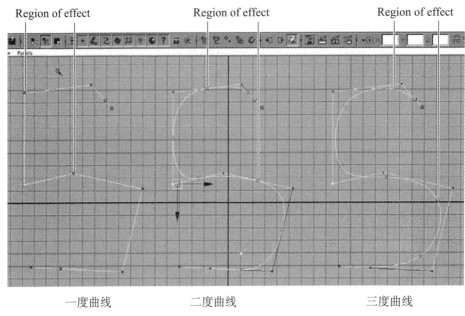

图 8-3　不同读数曲线 Region of effect 的范围不一样

二度曲线发生的变形，我们可以用线性曲线来画出，然后将它们重建为三度曲线来创建曲面。

8.2.2　参数化

简单地说，参数化是指 EP 点在曲线或者表面上的位置。为了能有效地工作，曲线和曲面都要求适当地参数化，建模师使用 NURBS 遇到最多的问题就是在某些点上与其关联的不合适的参数化。当用曲线时候，适当的参数化很重要，因为当通过 Revolved Lofted 或者 Squared 生成表面时候，它有助于曲面的结构构建。从一开始就用合理的参数化的曲线会生成结构较好的曲面。虽然参数化本身很难定义并且不用冗长的参数方程以及其他数学形式解释来理解，但适当的参数化是非常容易解释的。对于建模来说，合适的参数化意味着确定在曲线上的每个 EP 点被一个整数（X0）表示，而不是一个分数（X.XXX）。在用 NURBS 曲线和曲面建模时，我们会沿着曲线或者曲面插入 knots 或者 Isoparms。它们将在整数的 knots 或 Isoparms 之间生成。这些曲线和曲面就需要重建结果以让它们位于整数。下面仍然用前面使用的三条曲线展示这个概念。

（1）如果没有显示帮助栏，选择 Display > UI Elements > Help Line。帮助栏

会给我们反馈曲线的参数信息。

（2）根据组件类型选择，确定所有 NURBS 组件（如 Edit point、Control vertice、Curve point 和 Hull）都显示出来。

（3）选择右边的三度曲线以便用选择工具显示它的组件。不要使用移动工具，否则下列步骤将不起作用。

（4）点击左键，在曲线上按住并沿着曲线拖动，你将看到你选择的位置出现黄色的点，当在曲线上拖动时候，曲线上这个点是红色的，不要释放鼠标左键，注意帮助栏。可以看到曲线参数是 2.251 或者类似的数值。这种情况下，这意味着是介于第三个（2，0）和第四个（3，0）EP 点之间（注意数字系统是从 0 开始的）。

（5）现在我们在曲线上增加一个结点（EP）来打破曲线均匀的参数。选择 Insert Knot，插入的位置决定着结点插入什么地方。插入命令中选项 At Selection 是在选择处产生一个结点，Between Selections 是在选择的两个曲线点之间插入一个结点，通过输入数字也可以插入多个结点。现在只需插入一个结点，输入数字 1，点击插入。

需要注意的是，你能在命令行中用选择工具沿着曲面点坐标在线上选择任何地方。为了选择一个特殊的表面点，输入 select <curvename>.u[x.xxx]。为了选择一个特殊 EP 点，输入 select <curvename>.ep[x]，为了选择一个特殊的 CV 点，输入 select <curvename>.cv[x]，为了选择在一定范围内的组件，简单地放置一个冒号在数值之间即可，如 select <curvename>.ep[0：3]，编辑点 0、1、2 将会被选择。

（6）现在在 u[2.251] 处创建了一个结点，因此有一条参数化的曲线。为了说明这一点，在线上点击鼠标右键并在标记菜单中选择 Select。

（7）打开属性编辑器（Ctrl+A）并设置线段的 Min Max Value 为 0.000 和 7.000 而且 Spans 数为 8。为了能正确参数化，Max Value 应该总是等于 Span 数，并且 Min Value 应该等于 0，必须重建曲线。

（8）为了看到这个操作，仍然选定这个曲线，选择 Display NURBS，并显示 EP 点、CV 点和 Hull.

（9）选择 Edit Curves > Rebuild Curve，打开选项窗口。重建曲线将沿着曲线均匀分布结点并且会改变曲线形状，为了使这种变化最小，设置重建类型为

Uniform。设 Parameter Range 为 0 to #Spans，这将使得 Min Max Value 与 Span 的数相等，设 Keep 为 CVs，这将使重建后的曲线变化最小。

（10）点击 Rebuild 改变曲线。注意到 EP 改变位置，但是 CV 点还是在原来位置。现在选用 Curve Point 并且沿曲线选择前面所加的 EP 点，可以发现现在它是整数，也就说明它是合适参数化的曲线了。

（11）仍然选择这条曲线，打开属性编辑器。Min/Max Value 的 Maximum Value 应该等于 Spans 值了。

8.2.3　NURBS 曲面

NURBS 曲线是视觉化的参数方程，NURBS 曲面将这些方程扩展为二维并加入材质。曲线在 U 方向参数化，曲面则增加了 V 方向。因此 NURBS 曲面就有 U 和 V 方向。UV 在曲面上就能定义曲面上的点，它们也是 Maya 映射二维坐标到三维曲面上的方法。表面上任何一个点都能用这个坐标系统表示，正如 Polygon 表面有前后之分，NURBS 也是这样。可以通过 Display > NURBS > Normal 显示 NURBS 表面的法线方向。

创建一个 NURBS 平面（Create → NURBS → Plane），并且选择 Rebuild Surface，打开重建表面选项窗口。设定 Parameter Range 为 0 to #spans，设定 U、V 的 Spans 数为 4。现在 NURBS 平面在 U、V 方向上有 4 个 Spans，如图 8-4 所示。

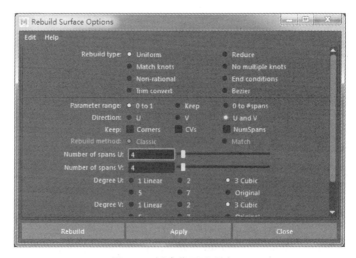

图 8-4　创建曲面选项窗口

在表面上按右键进入成分 Marking 菜单并且选择 Isoparm，点击并拖拉 V 方向的一条位于第三和第四之间的 Isoparm。你可以在菜单条上看到你选择的参数。

选择 Detach Surface，这将在表面已选择的 Isoparm 处分离成两个分开的表面。

选择较大的表面并在属性编辑器中查看它的 Shape 节点。虽然 Spans 数仍然是 4，V 方向最大值则精确地与分离处的值一致。

任何在 V 方向的操作都会使表面产生很差的结构。为了重置 0 到 4 的值，我们开始使用 Rebuild Surface 命令，表面将有均匀的参数分布。

连接和分离表面或插入 Isoparm 后，对于所有 NURBS 表面而言，重建表面是非常重要的。否则 Isoparm 的分布不可预料，其结果将可能使表面裂开。

NURBS 曲面在渲染的时候会被细分。这也就是说当渲染 NURBS 曲面时，Maya 会将其转换为多边形。NURBS 曲面原本是想替代大量的多边形细节，因为能用简单的控制操作曲面并且在渲染时细分成光滑形状，所以更有效率。实际上能用少量的控制点操控大量的多边形。所有的 NURBS 曲面和形体都是由一个或者多个四边形面片组成的。图 8-5 展示了一个 NURBS 球如何分解成矩形的面片。

图 8-5　NURBS 球的展开

在用 NURBS 建模时，必须创建和操作四边形面片，没有实际的办法改变这一点。每个 NURBS 曲面是由一个或多个面片所组成的，每个面片是由两个跨度交叉形成的，跨度用称为 Isoparms 的线来区分。这些 Isoparms 是曲线上结点，或者 EP 点的三维等同物。然而，不同于 EP 点，它们在三维空间里是不能移动的。在建模时可以插入新的 Isoparms，为了操作形体曲面，插入 Isoparms 增加 CV 点数量。这也暴露出 NURBS 曲面的缺点：直接操作 NURBS 形体的曲面是不可能的，唯一编辑的方法是操作一个 CV 点或者一组 CV 点。为了可以自动选择一行或一列的 CV 点，Maya 提供另外一个被称为 Hull 的选项。

8.2.4　NURBS建模的优点和缺点

NURBS 建模比较适合光滑的曲线形的表面，如小汽车车身，但也存在一些缺点。

优点：

（1）较少的控制点。用 NURBS 可以使用较少的控制点创建编辑光滑的曲线物体。这样计算这些曲面将会用更少的数据，也使得文件变小因而更能有效利用电脑的内存（RAM）。在网络环境中，文件越小传输也就越快，因而能在工作流程中减少发生堵塞的情况。

（2）分辨率独立。NURBS 的数学性质能使光滑表面保持光滑，而不管摄像机多么接近。

（3）纹理坐标。任何 NURBS 曲面上的点都可以由坐标 U 和 V 来定义。纹理贴图可以由如 Photoshop 等图像编辑软件来编辑，也具备矩形特征，并且它们的像素也由 X、Y 方向决定。因为这种关系，Maya 能够通过定义 X、Y 方向匹配相应的坐标系统，使贴图能精确地适合表面并吻合其曲率而不管表面如何弯曲。

（4）变化能力。Maya 容许转换任何集合体类型，将其称为其他类型。转换 NURBS 模型为 Polygon，可以得到很干净的几何体。

缺点：

（1）缝隙。NURBS 建模最大的问题可能就是不得不处理接缝。

（2）分支。在建模中分支就是模型从主体表面延伸的部分或分叉。因为 NURBS 表面是四边形布局，因此 NURBS 不得不被分开成多块来安排和处理结构上的变化，因而要花费大量的时间来做这部分工作。

（3）跨越多个面的纹理贴图。当用 NURBS 创建非常精细的模型时，常常是多个表面完成的。这不是件坏事，但在管理场景时却更困难，尤其在贴图时容易跨越错配在其他的表面上。

8.2.5　连续性

在两条或更多的曲线或曲面之间得到高级别的连续性是 NURBS 建模中的重要挑战之一。表面之间的连续性确定了一个表面结束处和另一表面开始处是否有明显的变化。或者说，连接处是否无缝、光滑。

（1）打开新的场景。

（2）选择 Create → EP Curve。

（3）在前视图中画一条两个间距的曲线。

（4）画出另外一条曲线。选择两条曲线并选择 Display → NURBS → CVs，再选择 Display → NURBS → Hulls，从而显示出 CV 点和 Hull，现在可以查看曲线成分并观察不同的连接方式对它们的影响。

（5）选择左边曲线然后按住 Shift 选择右边的曲线，执行 Align Curves，在连接曲线选项窗口中，选择 Edit>Reset Setting，将参数复位。

（6）选择 Position 单选按钮。

（7）点击 Apply 按钮。注意选择的第一条曲线将会移动。如果设置位置为 Second，则第二条曲线会移动。注意 Hull 的位置没有变化。

（8）Undo 上一步的操作。在 Align Curves Options 窗口，选择 Tangent，点击 Apply。观察 Hull 并注意到临近边缘的 CVs 两条曲线成为直线。

（9）在第一条曲线上按右键，选择第二个 CV。边缘处的第二个 CV 点通常被认为是"Tangent CV"选择移动，可以注意到无论如何移动此点，另外一条曲线的 CV 点为了保持相切，也会随之变化。

（10）现在选择 Curvature 连续。

（11）我们发现不仅仅第二个 CV 发生了变化，第三个也有变化。

8.2.6　创建曲线

除了绘制曲线外，还可以在激活的表面上画曲线，也可以复制表面上的曲线，将曲线投影到表面上产生曲线，还可以通过曲面交集产生曲线，以及用其他工具产生曲线，如 Circular Fillet 工具，其中选项容许当完成操作后在表面上产生一条曲线。

8.3　NURBS 指令的应用

8.3.1　绘制曲线

（1）用 Curve 工具或者 EP 曲线工具创建一条代表杯子的轮廓曲线，由原点开始。

（2）选择 Edit Curve → Offset → Offset Curve on Surface，这将创建一条与之平行的曲线。

（3）在曲线顶部端点，用 EP Curve 工具创建另外一条与两条轮廓线相交的曲线。

（4）选择 2 条曲线，用 Cut Curves 工具，相交的曲线会被切成多段。

8.3.2　圆角曲线

用 Fillet 工具在曲线交汇处创建圆角之前，检查曲线的方向是非常重要的。Maya 将试图在 U 方向的角上创建新的曲线。

选择 2 条曲线然后选择 Edit Curves → Fillet Curve，在 Fillet Curve Options 窗口，Reset 工具设置，用默认值。

如果操作失败，这可能是因为曲线是错误方向，也可能是因为半径太大，可以减小半径重新试。

8.3.3　整理曲线

若想将这极端曲线连接成一条连续的曲线，则有几种方法可以做到。

选择一条原始曲线和 Fillet 曲线，选择 Edit Curves → Intersect Curves。一个标记出现在两条曲线交会处。

在原曲线上按右键选择 Curve Point，按住 V 键，直到曲线点锁定到交会处的标志点处。

选择 Edit Curves → Attach Curves，从 Attach Curves Options 窗口，设 Attach Method 为 Connect。

在 Channel Box 调整 AttachCurve1 节点的 Reverses 属性直到看到想要的效果。

为了使这个过程更容易，可以在 Fillet Curve Options 里用 Trim 和 Join 选项来完成。

8.3.4　从曲线到曲面

Revolve 指令可能是表面指令中最简单的一条，因为只需要一条曲线就能完成曲面的计算。任何圆形物、对称表面用 Revolve 指令就可以完成。在这里，我们就用这个指令来完成茶杯的造型。

在透视图中选择曲线，并选择 Surfaces → Revolve，打开 Revolve Options 窗口。选择 Edit → Reset Setting，使其设为默认状态。点击 Apply。

按 F6 以阴影模式显示，按 3 显示光滑状态。

因为 Revolve 表面取决于原始曲线，编辑曲线会影响表面。为了看得更清楚，可以将物体沿 X 轴移动一点。

选择曲线的控制点，任意改变它们。可以发现表面也会同步发生变化。

选择 Edit → Delete by Type → History，这将删除表面所有关联的连接，包括原始的轮廓线。如果再编辑轮廓线，表面形状则不再有任何变化。保存场景，并将其命名为 teacup_surface。

8.3.5　Extrude

用几个曲线快速产生表面的另外一个方法是 Extrude 命令。这不同于 Edit Mesh > Extrude 指令。这条指令是一个轮廓线沿着法线或一条路径线拉伸的。我们下面用此指令创建杯子的柄。

打开 teacup_surface 文件。切换到侧视图，画一条手柄的曲线。

选择 Create → NURBS Primitives → Circle，将其移动到能看到的位置，按 R 将其修改为椭圆。选择椭圆，然后选择路径，Surface → Extrude，用默认设置生成。

结果可能有点奇怪。但是我们将通过编辑 Channel Box 里的属性进行校正。

在 Extrude 表面选择下，选择 Channel Box 中的 Extrude1 节点。

设 Fixed Path 为 On，设 Use Component 为 Component Pivot，结果如图8-6所示。

图 8-6   NURBS 茶杯

8.3.6   Loft

无论选择多少曲线，都可以用 Loft 生成表面。产生的表面以选择的顺序通过所有的曲线。我们用 Loft 指令创建一个纸巾。

用 CV Curve 或 EP Curve 工具画至少有 3 个间距的曲线。

虽然不要求这些曲线有相同的 CV 数进行 Loft 操作，但具有匹配的参数能更好地预见结果。因此，将曲线复制 3 条，可以再分别编辑这些曲线。

我们将建的纸巾是折叠的，所以再复制并向下移动。

依次选择每条曲线，选择 Surface > Loft。

8.3.7   Birail

Birail 是通过沿着两条"轨道"用一个或更多的轮廓曲线来工作的。因为 Birail 容许我们定义一个面所有的 4 个边，以及沿表面的任何形状，所以能以最少数量的曲线产生最为复杂的形状。

（1）在顶视图中，用 CV Curve 工具或 EP Curve 工具画一条勺的边。

（2）镜像复制这条边，这两条边作为轨道曲线。

（3）选择移动工具，使复制的曲线沿 X 轴移动。

现在创建曲线的轮廓曲线。所有的 Briail 工具要求之一是轮廓曲线的端点需要与轨道曲线相接。因此我们将锁定轮廓线第一个和最后一个编辑点在轨道上。

选择 EP Curve 工具按住 V 键，锁定并点击轨道曲线之一上的编辑点，锁定轮廓线上第一点到轨道曲线的端点。仍然按住 V 键，点击另一轨道曲线端点的编辑点，按回车键完成。我们现在有一个间距 NURBS 曲线，它的端点锁定在轨道曲线上。首先，需要重建曲线以使我们有更多的 CVs 点，选择 Edit Curves → Rebuild Curve，我们将用 Rebuild Curve 指令重建轮廓线，使其有两个间距而不是一个。Rebuild Curve Options 窗口如图 8-7 所示。

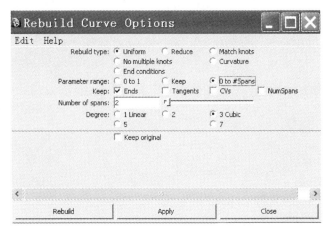

图 8-7　重建曲线选项窗口

8.3.8　使曲线形成勺的圆形末端

选择 Surfaces → Birail → Birail 1 Tool，这个工具首先要求选择轮廓曲线，然后选择轨道曲线。按回车键完成 Birail 操作。

我们成功完成了 Birail 1 工具生成表面的工作，但它仍然不大像一个勺。Birail 真正强大的是它可以用多个轮廓线。

选择表面另一端边缘 Isoparm，并选择 Edit Curve → Duplicate Surface Curve。删除 Birail 表面，现在我们可以给勺的另一端曲线造型。因为曲线是从 Isoparm 产生的，所以可以确定它的端点在轨道曲线上。

当使用两条轮廓线时，需要用 Birail 2 工具（Surfaces → Birail → Birail 2 Tool）来产生表面。先选择两条轮廓线，然后选择轨道线，按回车键。勺需要一些深度，所以还可以加一些轮廓线。

选择 Surface → Birail → Birail 3 Tool 选择轮廓线，然后选择轨道线，按回车键。结果如图 8-8 所示。

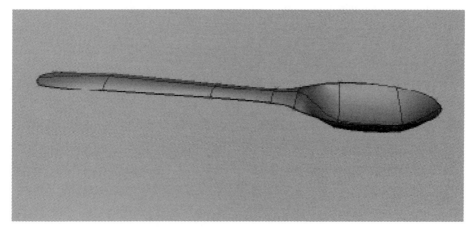

图 8-8　NURBS 勺子

8.4　NURBS 建模实例——昆虫建模

通过参照昆虫图片，利用 NURBS 工具创建昆虫模型。

在 Maya 中打开新的场景，切换到侧视图中，View → Image Plane → Import Image 输入昆虫的侧视图。将 image plane 的 color gain 调整为与场景颜色一致，降低 Alpha Gain 的值，如图 8-9 所示。

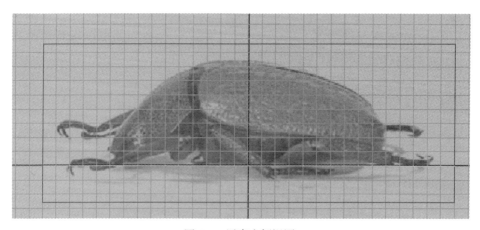

图 8-9　甲壳虫侧视图

同样在顶视图中，做类似设置，如图 8-10 所示。

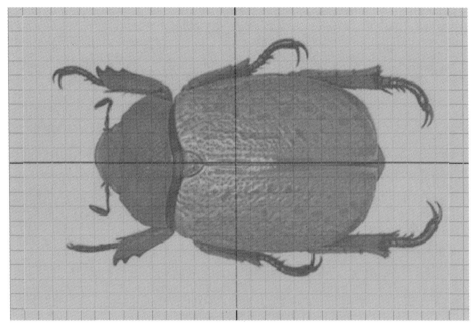

图 8-10　甲壳虫顶视图

建立一新层，命名为 image plane，将顶视和侧视参考图像加入此层。移动侧视图，使得两张参考图像与图 8-11 所示的一样。

图 8-11　设置 image plane

将视窗设置成上下两个窗口，如图 8-12 所示。

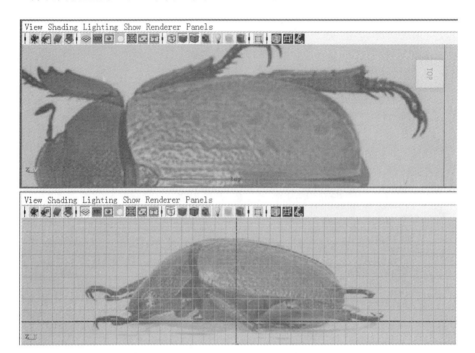

图 8-12 上下两窗口显示模式

在顶视图中用 CV 曲线工具画出腿的一条边线，如图 8-13 所示。

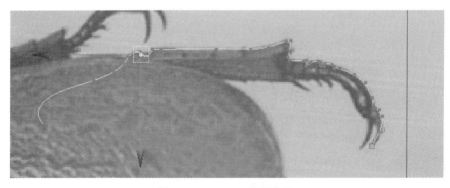

图 8-13 NURBS 腿部曲线

将起点锁定到画好曲线的起点上，再画出第 2 条曲线，如图 8-14 所示。

选择两条曲线的连接处及相邻点，沿 X 轴放大到 0，使这些选择的点处于同一直线上，确认连接处保持切线连续，然后将这些点旋转、缩放，调整为如图 8-15 所示的样子。

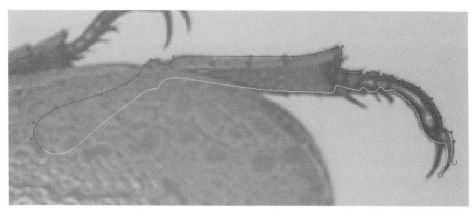

图 8-14　NURBS 腿部另外一条曲线

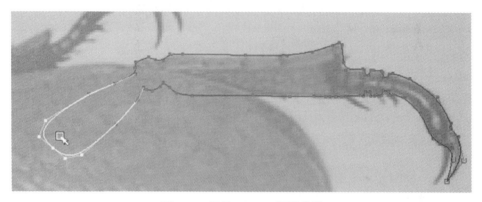

图 8-15　调整 NURBS 腿部曲线

创建新层，命名为 Curve，将两条曲线加入其中。

画出中间曲线，将其始末两点锁定到前两条曲线的端点上，并保持中间点的数量和其他曲线对应，如图 8-16 所示。

图 8-16　画出中间 NURBS 腿部曲线

将视图切换到透视图，调整中间曲线的形状，如图 8-17 所示。

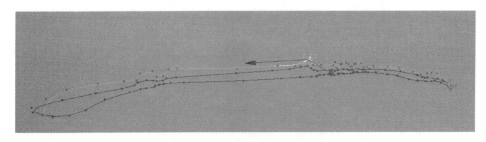

图 8-17　调整 NURBS 腿部曲线

复制中间曲线，并在 Y 轴上放大 -1。

依次选择四条曲线，执行 Surface → Loft，在对话框中设置 Close 为勾选状态，然后对曲面做一些调整。

创建新层，命名为 Legs，将做好的昆虫腿加入其中。

转换到侧视图中，移动腿，使其大腿关节与参考图吻合，选择大腿下的点，移动轴心，旋转所选的点，使腿的形状与参考图吻合，如图 8-18 所示。

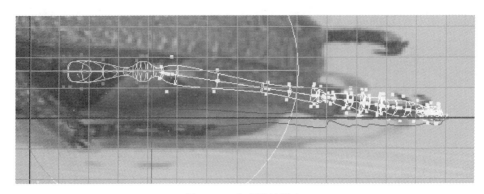

图 8-18　改变旋转轴心

同样调整大腿部分的旋转角度，以及脚尖处的角度，如图 8-19 所示。

切换到顶视图，我们可以看到，大腿部分应该有更多细节，所以通过插入 Isoparm 增加细节，结果如图 8-20 所示。

然后调整形状，如图 8-21 所示。

在顶视图中画出昆虫身体壳的边线，在画的时候同时参照侧视图，如图 8-22 所示。

同样画出身体外壳的外侧曲线，如图 8-23 所示。

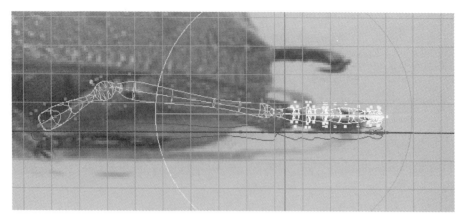

图 8-19　旋转 NURBS 腿部曲线

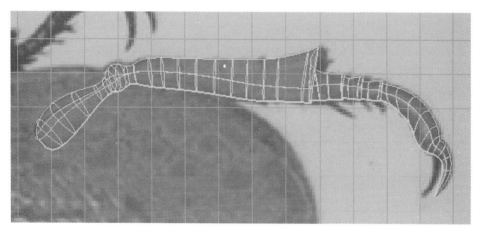

图 8-20　增加 NURBS 腿部曲线细节

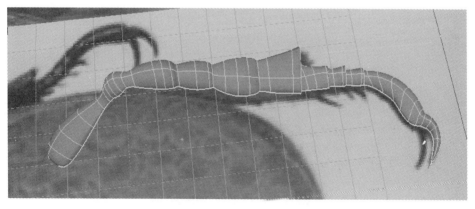

图 8-21　调整后的 NURBS 腿部曲面

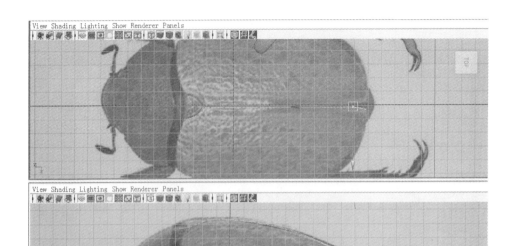

图 8-22　画出身体外壳的边线

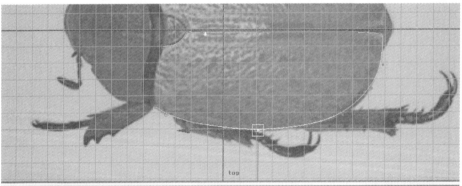

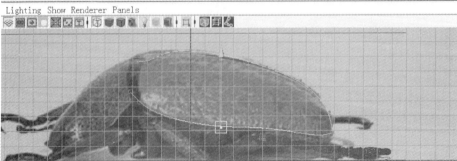

图 8-23　画出身体外壳的外侧曲线

按 C 进行曲线锁定，画出连接两条曲线的曲线，并调整曲线，如图 8-24 所示。

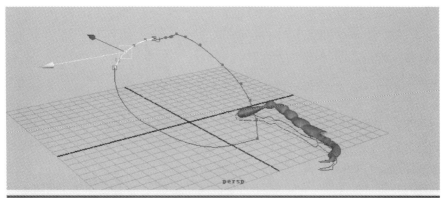

图 8-24　调整曲线

画好曲线后，用 Surface > Birail > Birail 1 Tool 生成曲面，如图 8-25 所示。

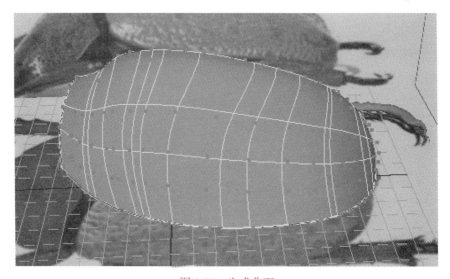

图 8-25　生成曲面

　　为了昆虫壳边缘处更圆滑一些，将壳上内侧的第二个 CV 点锁定到第一个点上，然后沿 X 轴向旁边移动合适距离，依次对所有第二个点进行同样的调整。

　　使用 Sculpt Geometry Tool，选择 Smooth，对曲面做略微修改。然后在边缘处增加 Isoparm，如图 8-26 所示。

图 8-26　增加 Isoparm

将边缘处的 Hull 移动、调整，使壳看起来有一定厚度，如图 8-27 所示。

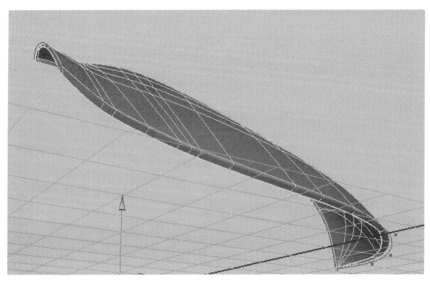

图 8-27　移动 Hull 以增加厚度

复制并镜像背部壳子，结果如图 8-28 所示。

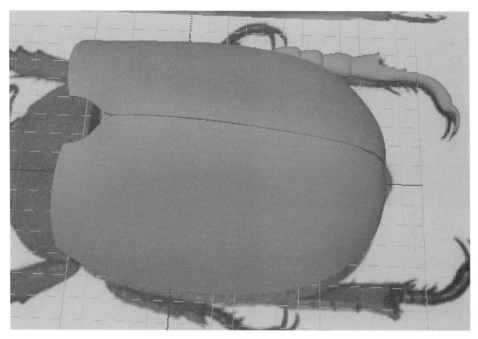

图 8-28　完成身体外壳

创建层 shell，将调整好了的壳放入层中。创建 NURBS 球体，沿 X 轴旋转 90 度，并调整，如图 8-29 所示。选择两条 Isoparm，在其间插入两条新的 Isoparm，如图 8-30 所示。

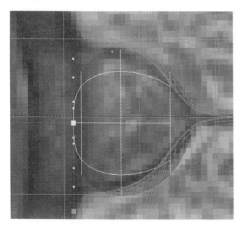

图 8-29　画出 NURBS 球

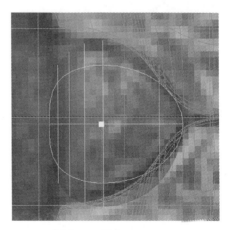

图 8-30　插入 Isoparm

调整形状，如图 8-31 所示。切换到前视图，并增加 Isoparm ，然后调整形状，如图 8-32 所示。

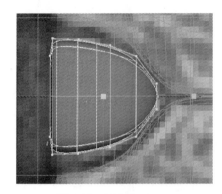

图 8-31　插入 Isoparm

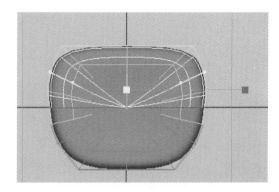

图 8-32　在前视图中调整

最后将其调整为如图 8-33 所示的样子。用曲线工具画出昆虫的头部曲线，如图 8-34 所示。

图 8-33　完成后的样子

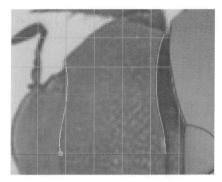

图 8-34　用曲线工具画出昆虫头部曲线

转换到侧视图，调整曲线，如图 8-35 所示。在侧视图中画出另外两条曲线，如图 8-36 所示。

复制头部中间曲线，用曲线锁定将复制的曲线移动到头部边缘的曲线附近，并通过缩放旋转调整好曲线，并把另一端点锁定到另一侧曲线上，如图 8-37 所示。用 Surface → Birail → Birail 3 Tool 生成曲面，如图 8-38 所示。

中间所加曲线位置曲面有明显折痕，删除产生折痕的 Hull，然后插入合适的 Isoparm，最后用 Edit NURBS → Sculpt Gemotry Tool，在对话框中选择 Smooth，点击 Flood，如果觉得还不是足够圆滑，可重复点击 Flood，如图 8-39 所示。

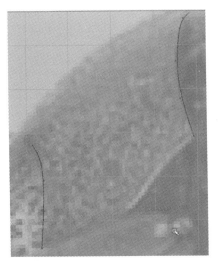

图 8-35　用曲线工具在侧面调整昆虫头部曲线　　图 8-36　用曲线工具在侧面画出另外两条曲线

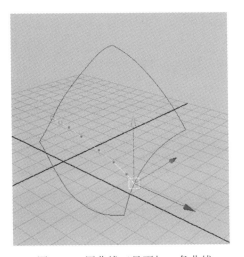

图 8-37　用曲线工具再加一条曲线

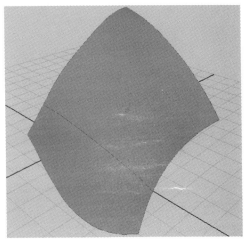

图 8-38　生成曲面

　　复制修改好的平面并沿 X 轴放大 -1，然后 Attach 两个平面，方式选择 Blend。结果如图 8-40 所示。

　　然后再用 Edit NURBS → Sculpt Gemotry Tool，在对话框中选择 Smooth，点击 Flood。

　　选择曲面，Rebuild 曲面，将参数设置成如图 8-41 所示的那样。

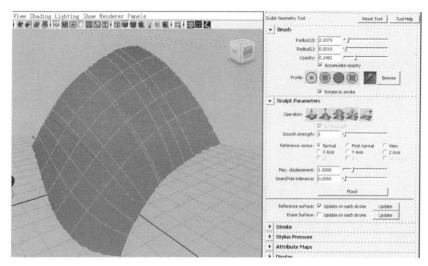

图 8-39   用雕塑工具平滑曲面

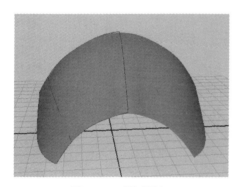

图 8-40   对称复制

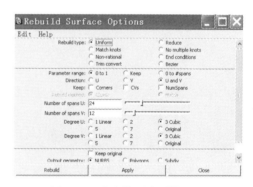

图 8-41   重建曲面选项设置

结果如图 8-42 所示。在边缘处增加 Isoparm，如图 8-43 所示。

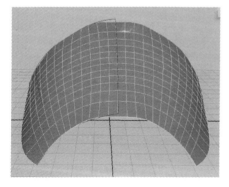

图 8-42   重建后的结果

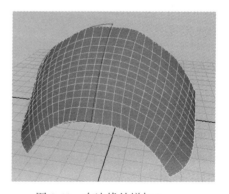

图 8-43   在边缘处增加 Isoparm

然后，选择边缘处的 Hull，移动，使曲面形成厚度，如图 8-44 所示。

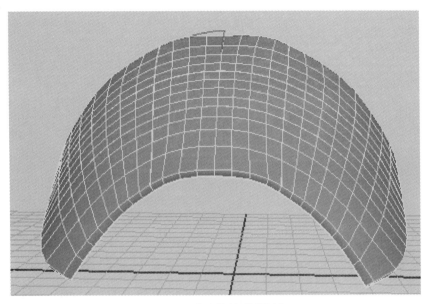

图 8-44　在边缘处形成厚度

切换到顶视图，选择两侧点调整形状，如图 8-45 所示。

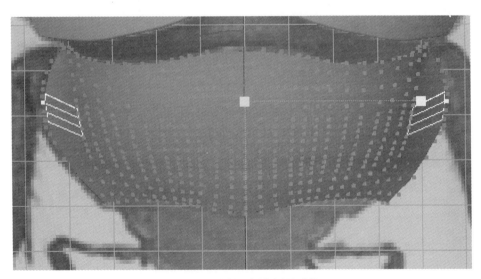

图 8-45　选择两侧点调整形状

在侧视图中画出身体的轮廓线，如图 8-46 所示。

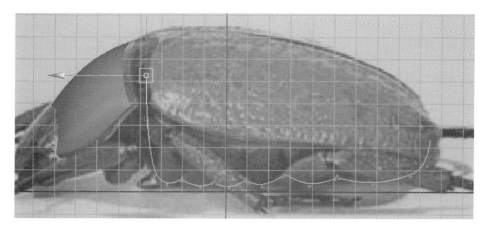

图 8-46　在侧视图画出腹部形状

将曲线的 Pivot 锁定到曲线开始端点，复制，然后旋转 90 度，如图 8-47 所示。

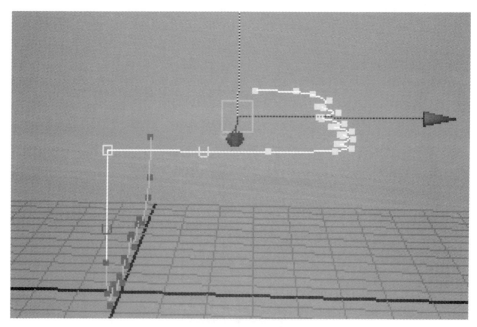

图 8-47　复制曲线

切换到顶视图，调整曲线，如图 8-48 所示。

复制调整好的曲线并将其镜像，然后依次选择，如图 8-49 所示。

执行 Surface → Loft，结果如图 8-50 所示。

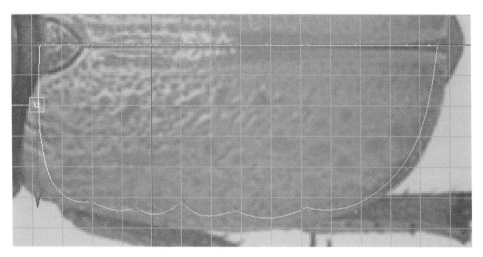

图 8-48　在顶视图中调整曲线

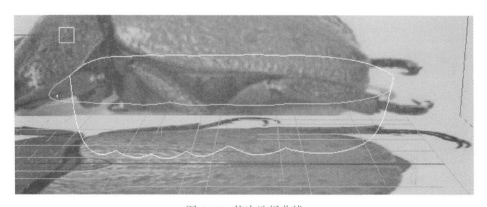

图 8-49　依次选择曲线

图 8-50　Loft 后的结果

选择尾部的点，然后旋转，如图 8-51 所示。

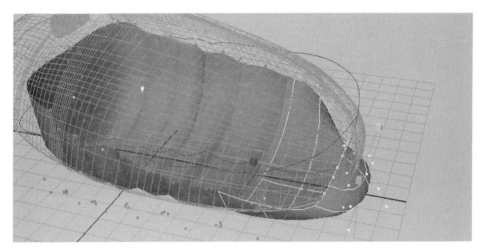

图 8-51 调整形状

选择左右外壳内侧 Isoparm，执行 Loft，生成曲面，如图 8-52 所示。

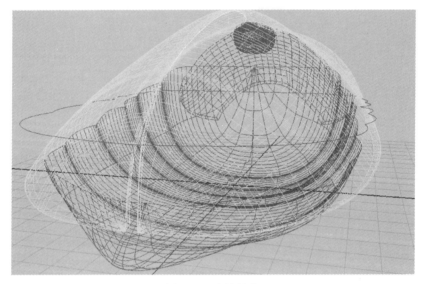

图 8-52 连接外壳

选择腿部前两排 CV 点，将其旋转移动，使其和身体很好地接触，如图 8-53 所示。

选择腿以及身体，执行 Edit nurbs → Surface Fillet → Circle Fillet，然后将腿和 Fillet 物体组成组，然后复制镜像，如图 8-54 所示。

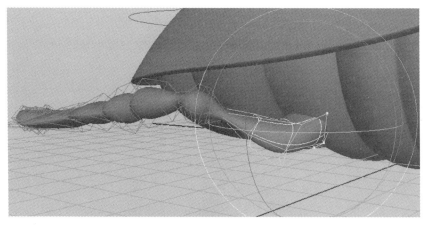

图 8-53　调整腿使其和身体连接

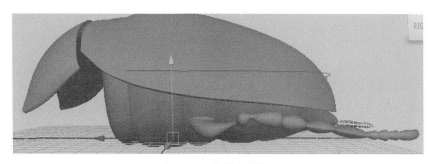

图 8-54　镜像复制腿

在顶视图中，画出前腿的外侧轮廓线，如图 8-55 所示。

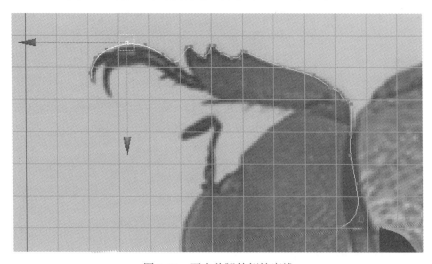

图 8-55　画出前腿外侧轮廓线

画出前腿的内侧轮廓线，如图 8-56 所示。

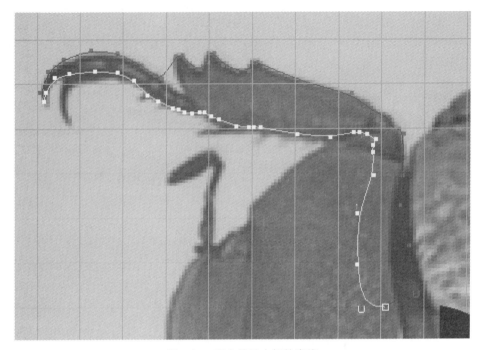

图 8-56　画出前腿内侧轮廓线

画出前腿中间曲线，调整形状，如图 8-57 所示。

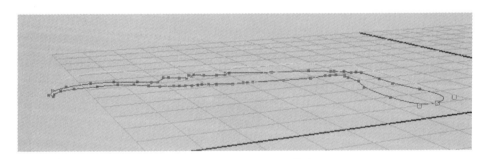

图 8-57　画出前腿中间曲线

复制中间曲线，并镜像，依次选择曲线、Loft、生成曲面并调整，如图 8-58 所示。

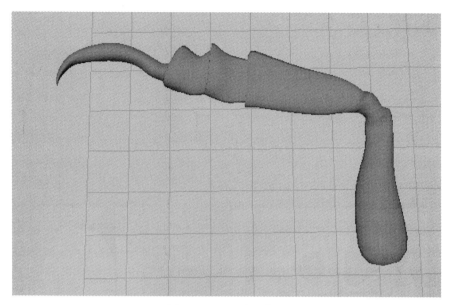

图 8-58　画出前腿曲线

切换到侧视图，沿关节调整姿态，如图 8-59 所示。

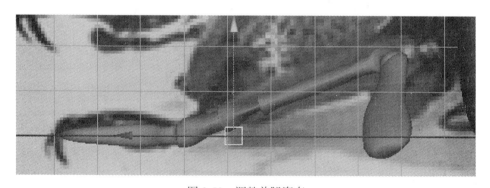

图 8-59　调整前腿姿态

在顶视图中画出触须的曲线，并将 Pivot 通过曲线锁定移动到曲线末端，如图 8-60 所示。

将曲线 revolve 生成曲面，然后调整形状，在顶视图中画出中间腿的外侧轮廓线，如图 8-61 所示。

然后画出内侧曲线以及中间曲线，注意保持相同 CV 点数，如图 8-62 所示。

调整中间曲线，并复制镜像，将中间腿的四条曲线 Lott，生成中间腿曲面，然后调整姿态，如图 8-63 所示。

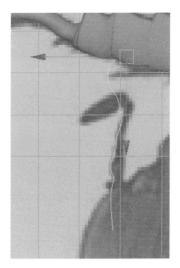

图 8-60　画出触须曲线

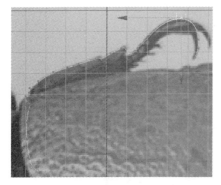

图 8-61　画出中间腿的外侧轮廓线 1

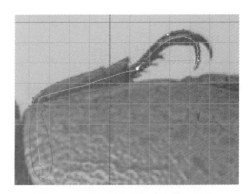

图 8-62　画出中间腿的外侧轮廓线 2

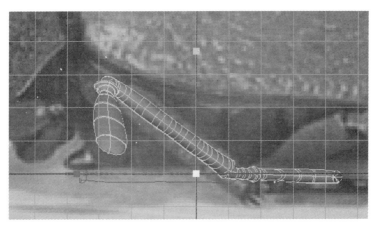

图 8-63　调整姿态

选择头部甲壳后部边缘 Isoparm，以及背上甲壳上的 Isoparm，复制为曲线，如图 8-64 所示。

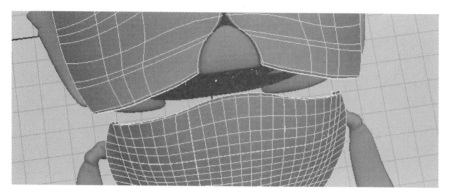

图 8-64　选择边缘的 Isoparm

将分开的两条曲线合并，Edit curves → Attach Curves，选择 Blend 模式。然后用 Loft 指令完成颈部曲面，如图 8-65 所示。

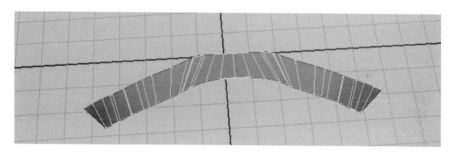

图 8-65　用 Loft 指令完成颈部曲面

选择头部甲壳的前部 Isoparm，并复制，将复制的曲线再复制一条并稍稍移动一点，如图 8-66 所示。

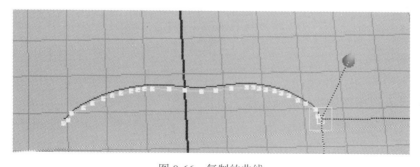

图 8-66　复制的曲线

切换到侧视图，画出侧面轮廓线，然后切换到顶视图，画出头部前部外缘曲线，如图 8-67 所示。

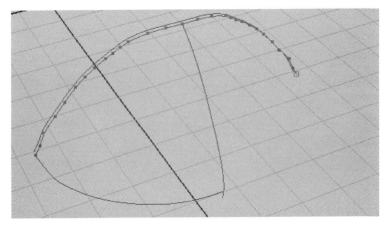

图 8-67　画出头部前部外缘曲线

在如图 8-68 所示曲线处加上两个点，并调整，如图 8-69 所示。

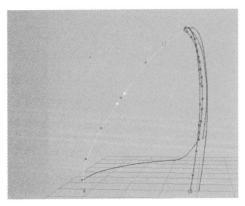

图 8-68　给曲线上加点

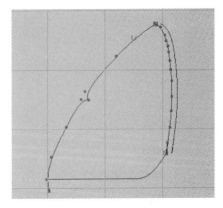

图 8-69　调整曲线

将头前部曲线复制并镜像，结果如图 8-70 所示。

选择围成半边头部的曲线，用 Boundary 产生曲面然后复制并镜像，合并两个曲面，结果如图 8-71 所示。

画出头部下颚处轮廓曲线，如图 8-72 所示。

画出头部上部曲线，如图 8-73 所示。切换到顶视图，画出侧面的边线，并复制镜像，如图 8-74 所示。

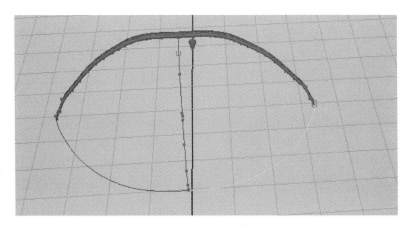

图 8-70 复制并镜像曲线

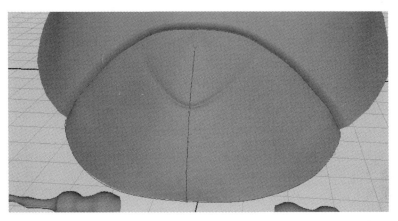

图 8-71 生成曲面

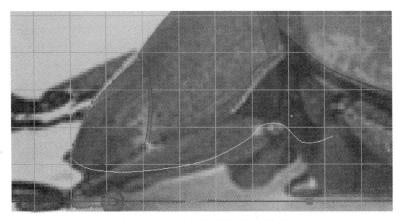

图 8-72 画出头部下颚处轮廓曲线

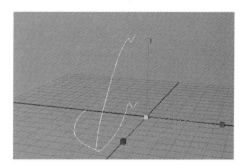

图 8-73　画出头部上部曲线　　　　　　图 8-74　画出侧面的边线

选择 4 条线相连的点以及它们相邻的点，沿 Z 轴缩放，使曲线连接处保持连续，如图 8-75 所示。调整侧面的曲线，如图 8-76 所示。

图 8-75　调整曲线连接处的连续性　　　图 8-76　在侧视图中调整曲线

依次选择 4 条曲线，进行 Loft，如图 8-77 所示。调整头部以及触须，如图 8-78 所示。

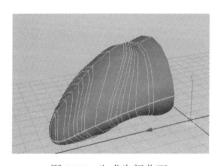

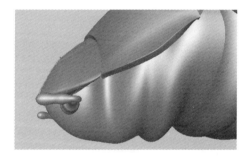

图 8-77　生成头部曲面　　　　　　　　图 8-78　调整头部以及触须

调整好腿和腹部的接触，如图 8-79 所示。对接触处进行 Fillet 处理，如图 8-80 所示。

切换到顶视图，画出曲线和圆，执行 Extrude，将参数设置为图 8-81 所示的那样，其结果如图 8-82 所示。复制足部前面的夹状物体，然后调整到每条腿上。
然后用 Fillet，将它们与腿圆滑连接。

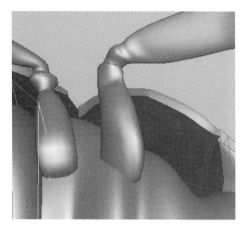

图 8-79　调整好腿和腹部的接触

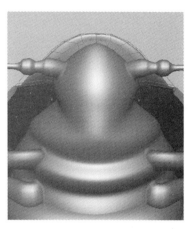

图 8-80　处理腿和腹部的接触

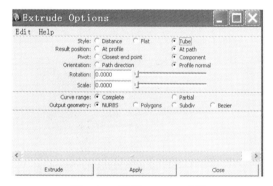

图 8-81　设置 Extrude 参数

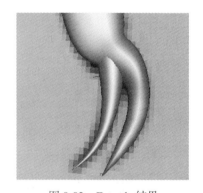

图 8-82　Extrude 结果

创建 NURBS 半球，将其安放到头部作为眼睛，并用 Circle Fillet 将其和头部圆滑连接。最后结果如图 8-83 所示。

8.5　汽车钢圈的制作

在本例中，我们将通过修剪表面建造汽车钢圈。建模过程

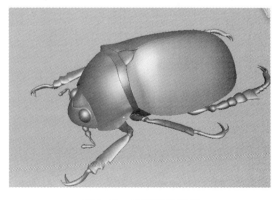

图 8-83　完成后的效果

中，以照片作为参考。首先，画出轮廓曲线，旋转形成基本的模型曲面，然后投影另外的曲线到曲面上来定义出剪去的区域。再从留下的曲面边缘引出附加曲面，并在曲面之间进行圆滑的连接。

8.5.1　创建多边形圆柱体

与开始的任何新项目一样，首先从 File 菜单中的项目创建建立目录。将 Poject 命名为 Wheel rim，我们将用一张照片作为参照。将在 Sourceimage 目录中将 wheel_rimRef.tga 文件输入 Side View 里的 Image Plane，如图 8-84 所示。

初始的曲面将通过前视图中旋转画好的轮廓曲线产生。由于在前视图中没有参考图片，可以创建一个圆柱体并与参考图吻合，以此大致推测出比例。这将为轮廓线提供一个立体的模板。

执行指令 Create → Polygon Primitive → Cylinder，旋转并缩放，使其与侧视图中的照片相匹配。这个物体只是参考所用，所以可以将其放到新的显示层，如图 8-85 所示。

图 8-84　建立参考图

图 8-85　参考圆柱体

在 Front view 中，用 CV Curve Tool（Create → CV Curve Tool）画出曲线轮廓，用四个视窗有助于在前视图中画好轮廓线。任何硬边都应该用 3 个 CV 点来定义。最后的两个 CV 点将在曲面的极点上，它们应该处于一条直线上。单击一个点的时候，按住 Shift 键，这个点将与上一个点在一条线上。最后按回车键完成轮廓线的绘制，如图 8-86 所示。

选择曲线并执行 Surfaces → Revolve，打开选项窗口设旋转轴为 X，设 End Sweep Angle 为 30。这将使轮廓线旋转 30°，因为我们只需要先对其一部分进行建造，然后将其复制，所以不需要旋转 360°。这样不仅能加快建模速度，而且能保证这些细节在整个模型中完全相同。最后将 Segments 设为 4，这样在 V 方向上将有 4 段 Spans，这能保障曲面有足够的细节，也使得渲染时质量和耗时合理。这些设置好后，执行 Revolve。

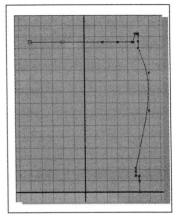

图 8-86 钢圈剖面图

建议：当建模时，注意观察对称特征，这样就能镜像或复制，从而加快建模。

8.5.2 创建修剪曲线

在这一小节中，将创建曲线，然后投影到曲面上用来定义出剪除区域。为了使曲线与曲面匹配，我们将从曲面的 Isoparam 中提取两条曲线。

右键按住曲面，在标记菜单中选择 Isoparms。左键按住并拖动一个 Isoparm 到与参考图像一致的外边缘。按住 Shift 并拖动另外一条 Isoparm 到要剪除的内边缘。虽然我们已经有了需要的 Isoparm，但这还不可能直接在 Isoparm 上完成编辑操作。

为了能在这个区域工作，我们将这些 Isoparm 复制并转化成实际的曲线。因为我们最终要将这些曲线投射到曲面上而且要将它们连接起来，所以在对它们进行操作之前最好将它们放在同一个二维平面上。一个非常有用的技巧就是将其在你希望它们展平的轴向放大 0。在这里，选择两条曲线并在 Channel Box 里将 Scale X 设为 0。

用 CV Curve Tool 按照参考图像在另一方向上画一条曲线，并将两条曲线连接在一起。将这条曲线稍微与另外两条曲线重叠，如图 8-87 所示。曲线完成后，选择所有 3 条曲线并选择 Edit Curves → Cut Curve，这将把曲线在交点处切断。现在可以删除多余线段，结果如图 8-88 所示。

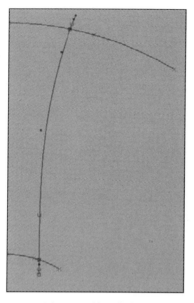

图 8-87 剪切曲线

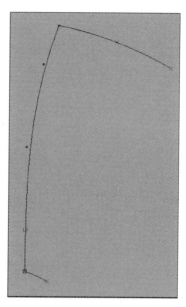

图 8-88 剪切完成曲线

在任何时候当一条曲线或曲面被切断或分离，重新确定坐标参数是很重要的，这样可以从零开始，以整数指示 Spans 结束。我们可以通过 Rebuild Curve 来完成这个任务。确定曲线被选择，选择 Edit Curves 打开曲线选项窗口，选择 Edit → Reset Settings 复位到默认状态。设 Parameter Range 为 0 to #spans，使 NumSpans option 为 Keep。单击 Apply。

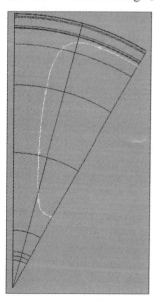

图 8-89 完成后的曲线

为了在曲线间创建均匀、圆润的连接，我们将用 Attach Curves 指令并将 Attach Method 设为 Blend。这种衔接方式需要增加中间曲线的 Spans 数来保持其形状并能使其更好地符合参考图形。选择中间曲线，在 Rebuild Curve 选项窗口中将 NumSpans 设为不选。在 Number of Spans 输入所需的 Spans 数，输入 4。单击 Rebuild 执行，如图 8-89 所示。

Attach 三条曲线在一起，选择最外曲线和中间曲线并选择 Edit Curves → Attach，确认 Attach Method 设为 Blend 并且 Keep Originals 为不选。单击 Attach 按钮。现在选择连接后的两条曲线，按 G 键再次执行上次的指令。选择 Edit → Delete by Type → History，删除所有历史。

因为 Rim 曲面在 V 方向只有一个 Span，用 Rebuild Surface 指令重建，使其在 V 方向上有 4 个 Span。

8.5.3　修剪表面

当这条曲线投射到剪除区域时，就可以看到我们的成果了。首先，选择 Trim tool 剪除不要的曲面。删除或保留的区域通常由投影在曲面上闭合的曲线来决定。一旦执行了 Trim 指令，就可以选择要剪除的部分。白色的线网显示指出曲面是处于剪除模式。在这时可以选择保留或丢弃部分。如果发生错误，可以通过执行 Untrim Surface 来纠正。

（1）投影曲线到曲面上的默认状态是利用激活的视觉平面来作为投影屏面的。所以为了精确投影，可以切换到侧视窗口。

（2）选择曲线和曲面，先选择哪一个并不重要。选择 Edit NURBS → Project Curve on Surface，然后切换到透视窗口。观察曲面可以发现现在曲线位于曲面上。

（3）在不选择任何物体的状态下，选择 Edit NURBS → Trim Tool，打开选项窗口，如图 8-90 所示。

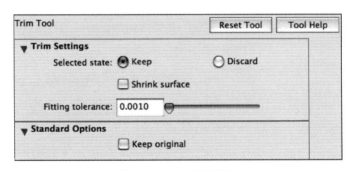

图 8-90　Trim 工具窗口

将 Selected State 选为 Keep，这将会使选择的地方保留，其他部分剪除。

（4）在视图窗口中，鼠标将变成箭头，这表明目前处于剪除状态。选择曲面，全面将变成白色线网模式。单击要保留的区域，将出现黄色标记。如果有多个区域要保留，可以继续单击放置保留的标记，最后按回车键完成操作，如图 8-91 所示。

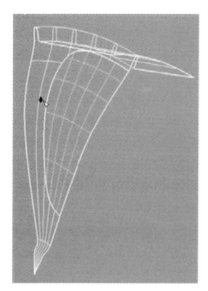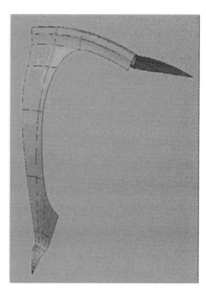

图 8-91　Trim 曲面

（5）现在得到修剪过的曲面，当在上面按右键时会出现一种新的组成部分类型。在曲面上按右键，从标记菜单中选择 Trim Edge，选择 trim 操作产生表面的边缘，这将以黄色高亮度显示。

需要注意的是，一个修剪曲面的边线是不同于 Isoparm 的，因为它与曲面的参数无关。我们不能连接另外的曲面到一条修剪边线，唯一的方法就是用 Fillet Tool 计算其连续性。

（6）选择 Edit Curve → Duplicate Surface Curve，Trim Edge 被转化为曲线。

（7）为了精确放置这条曲线以匹配参考图像并和最后的复制件连续衔接，需要将曲线缩小点并沿对称轴精确放好。可以将曲线的端点锁定到一条辅助线上来完成曲线的放置。在侧视图中，选择复制的表面曲线并选择 Display → NURBS → Edit Point。

（8）在编辑点可见的情况下，可以用点锁定。首先移动曲线的 Pivot 点到端点之一。按 Insert（Home）键，进入 Pivot 编辑模式。按住 V 键，并拖 Pivot 点到曲线的编辑端点上。

小技巧：按住 D 键可以在任何转换节点下编辑 Pivot 点，这要比 Insert（Home）更快。

（9）虽然能以新的 Pivot 点缩放、移动曲线，但还是会产生一些问题，这是因为我们用的对称轴和实际坐标无关。为了解决这个问题，我们将创建一条辅助线。选择 Create → EP Curve Tool，通过按住 C 键将辅助线的端点锁定到曲线上，确信辅助线两端精确地位于曲线两端点上。

（10）选择复制曲线，移动在辅助线顶端的 Pivot，按住 C，左键按下并拖动直到 Pivot 点锁定到辅助线上。然后继续沿着辅助线拖动直到曲线放置到与参考图相符的位置。最后通过缩放，使其与参考图完全吻合，结果如图 8-92 所示。沿 X 轴将曲线移回。选择曲线并右键按住曲面，选择 Trim Edge，在选择边的同时按住 Shift 键，现在将有两条曲线被选择。

为了在两条曲线之间构造曲面，我们用 Loft 操作，选择 Surface → Loft。结果如图 8-93 所示。

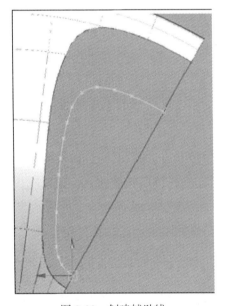
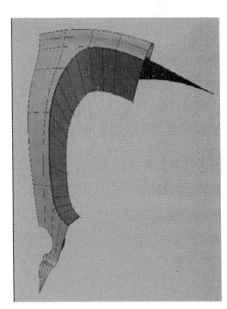

图 8-92　创建辅助线　　　　　　　　图 8-93　产生侧面

8.5.4　圆滑角边

圆角能增加模型的真实程度。这不仅仅是在两个面之间产生一个渐变的过度，而且能捕捉到高光，在渲染时还有助于定义模型的构成。NURBS 工具集包含很多圆滑边缘的工具。在此，我们用其中两种：Round Tool 和 the Circular Fillet。这两个工具都能在两个现有的曲面上创建一个保持 C1 连续性的过渡曲面。

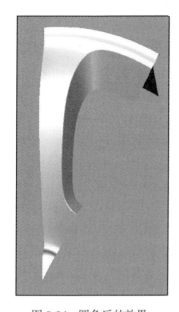

图 8-94　圆角后的效果

选择 Edit NURBS → Round Tool。在修剪和放样面之间重叠边缘按住左键并拖动，一个指示半径的黄色指示器出现，一旦完成此操作，曲面的半径将由此决定。

按回车键完成操作。一个新的圆边将在两个表面间产生。为了更好地检验这个边缘，可以为其分配一个灰色材质，选择表面，右键并选择 Materials → Assign New Material → Blinn。

在属性编辑器内，确定选择 Blinn1 栏，找到属性 Specular Color 并且移动滑条到最右边，使其为白色，这将为模型创建一个很好的高光部分，如图 8-94 所示。

我们能够用同样的技术构建螺栓孔，但是应尽量尝试不同的方法。

8.5.5　Circular Fillet

创建一个 NURBS 圆柱体，并在 Z 轴旋转 90°，设 End Sweep 为 –180°。

在侧视图中，在 Y 方向移动圆柱体并缩放至与参考图像吻合。

在透视图中沿 X 方向移动圆柱体直到其与曲面相交。

选择 Rim Surface 和圆柱体，选择 Edit NURBS → Surface　Fillet → Circular Fillet，打开选项窗口，将半径设为 0.2，单击 Apply 完成操作，如图 8-95 所示。

在这样的情况下，Fillet 会出现创建方向错误。Circular Fillet 将在两个曲面法线之间创建过渡边缘面。如果面法线方向不是 Fillet 的方向，可以用 Circular Fillet 工具的选项翻转法线。Undo 上一操作，选择翻转法线选项。现在 Fillet 的法线方向是所需的方向。

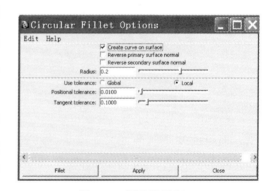

图 8-95　圆角设置窗口

需要注意的是，另外一种翻转 Fillet 的方法是编辑 rbfsrf 节点的主次半径属性，负数值和选择 Circular Fillet Options 窗口中的翻转效果一样。

可以裁剪掉不要的部分，选择 Edit NURBS → Trim Tool，选择钢圈曲面然后单击要保留的区域，按回车键。

同样用上面的方法，剪裁掉圆柱体的外缘部分。

8.5.6　复制和重复

通过复制以及镜像这些曲面，将会得到一个完整部分，然后将其复制旋转 5 次而完成整个模型。

选择所有的曲面并删除历史（Edit → Delete by Type → History）。在所有曲面选择的状态下，按 Ctrl+G 键将它们组成组。

选择 Choose Edit → Duplicate Special，打开选项窗口，确定为默认状态。设 Scale X 为 -1，单击 Apply，如图 8-96 所示。

选择所有曲面，再次成组，复位 Duplicate 选项。在钢圈上将有六部分，如图 8-97 中所示，360° 的六分之一是 60°，所以我们复制后要旋转 60°，因此设置 Rotate X 为 60，设复制数量为 5，单击 Duplicate。

通过执行分组指令，将所有的曲面组成为一个整体，命名为 rim_grp，删除历史，如图 8-97 所示。

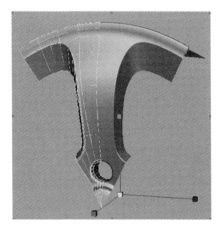 

图 8-96　复制镜像　　　　　　　　图 8-97　完成后的钢圈

参 考 文 献

1. Sheff D A. 2000. 美国纽约摄影学院摄影教材 . 李之聪，李孝贤，魏学礼，等译 . 北京：中国
   摄影出版社 .

2. Kundert-Gibbs J. 2002. Maya Secrets of the Pros. San Francisco：Sybex.

3. Vaughan W. 2012. Digital Modeling. Berkeley：New Riders Press.